JN023893

選ばれるブランドが、
愛されるためにやっていること

最旬のファッション、最速の決断、最高の満足

株式会社ハニーズホールディングス
代表取締役会長
江尻 義久 著

発行：ダイヤモンド・ビジネス企画　発売：ダイヤモンド社

はじめに

ハニーズグループ（以下、ＨＯＮＥＹＳという）は１９７８年の創業以来、レディースファッション専業の専門店チェーンとして、お客様の多様な感性に対応する高品質・低価格なものづくりに注力してきました。

国内衣料品業界において他社に先駆けて導入した独自のＳＰＡ（Speciality store retailer of Private label Apparel：自社企画・製造・販売）システムにより業界最速の市場展開を可能にし、「旬」を切り取った高感度な商品を10代から60代までの幅広いお客様にお届けしています。

お蔭様で２０２２年5月期は店舗数８７１店舗、売上高４７６億９５００万円を達成。増収率は５・１％、粗利益率は60・３％、営業利益率は10・5％となって増収増益を達成し、国内衣料品専門店業界においてトップクラスの高収益企業の一社に数えられるようになりました。なお、23年5月期においても引き続き増収増益となる売上５２０億円を見込んでいます。

新型コロナウイルス感染症の拡大やエネルギー価格の高騰によるコストの上昇など不透明な外部環境が続く中、私たちは次の三つのポイントで独自の挑戦を続けてきました。

まず、第一にミャンマーを拠点とするＡＳＥＡＮにおける高い生産比率を生かした生産体制、第二に「高感度・高品質・リーズナブルプライス」をコンセプトに据えた商品開発、そして第三にお客様視点による丁寧な接客と居心地の良い店舗の実現、ＥＣ市場の拡大に伴うオンラインショップの拡充などに真摯に取り組んできました。

そうした努力の結果、22年度「ＪＣＳＩ（日本版顧客満足度指数調査／衣料品店業種）」（日本生産性本部 サービス産業生産性協議会調べ）においては、19年度から4年連続で「顧客満足度」第1位を獲得することができました。

「店舗とオンラインショップのどちらも利用している」、「カジュアルからキレイ系まで、いろんなジャンルのデザインを取りそろえている」といったさまざまなお声をいただき、多くのお客様からご評価いただいています。

スタッフ全員の仕事に対する姿勢が「顧客満足度」第1位という結果を生んだ。

また、近年注力しているオンラインショップについても、Z世代が選ぶ「実際に使っているECサイトTOP10」（バイドゥ調べ　2021年12月6日付発表）において大手ECモールサイトに次ぐ第3位になるなど、高い注目を集めています。

21年8月、ハニーズホールディングスは取締役専務執行役員営業本部長の江尻英介を代表取締役社長に据え、新たな経営体制で再始動しています。

創業45年となる節目の年に、これまでのHONEYSの歩みと次の50年に向けた今後の取り組みについて改めて皆様にお伝えしたく、当社が業界に先駆けて取り組んできたこと、そしてこれまで大切にしてきたものづくりの哲学を1冊の書籍にまとめさせていただきました。

本書が、これからアパレル産業で働きたいと考えている方、現在、アパレル産業で働いている方、そして、これから新たな会社を起こし、新たなブランドを始めようと考えている方、そうした皆様のお役に立つことができれば幸いです。

JCSI「顧客満足度」第1位の表彰楯

それではＨＯＮＥＹＳ45年の歴史を紐解く物語を早速始めていきたいと思います。

２０２３年４月11日

株式会社ハニーズホールディングス　代表取締役会長　江尻義久

目次

第2章　帽子店から婦人服事業への転身

第3章 海外展開でのトライ&エラー

ひとを育てる、場所をはぐくむ

新しい時代へ

※本文中の会社名、ブランド名、及び商品名は、日本及びその他の国における登録商標又は商標です。

第1章

業界の先駆けとなった独自SPAシステムの秘密

ヤングカジュアルファッションの先駆者・HONEYSの強み　①価格

自ら作って、自ら売る！　SPAシステムによってリーズナブルプライスを実現

『高感度、高品質、リーズナブルプライス』。これが、当社が掲げる最も重要な商品コンセプトです。『高感度』は、新鮮な素材や色・柄を使用した真新しい流行の商品を提供しているということ、『高品質』は、良い素材、良い縫製、着やすいパターンで作られているということ、そして『リーズナブルプライス』は、商品のもつ価値に対して値段が良心的であり、他店と比較してお求めやすいこと、と定義しています。

これらを実現しているのは、業界に先駆けて導入したSPAシステムによる多品種・小ロット生産、大型物流センターによるタイムリーで効率的な物流システム、POSシステム・当社独自の店舗情報システム（IS）による店舗在庫の適正化と効率の良い店舗運営、そして自社企画・自社工場による商品力です。

これらの強みについて、当社の商品コンセプトを軸に一つひとつご紹介していくことにしましょう。

まずは「価格」。当社が提供するブラウスは1着当たり1980円（税込み）という圧倒的な価格力でお客様にご評価いただいています。

この価格を実現するための仕組みはさまざまありますが、その一つが当社の大きな強みとなるSPAシステムです。

SPAとは、商品企画から製造・販売まですべてを手掛けるビジネスモデルで、当社では1985年以来、この手法を導入してきました。商品開発は本社の商品本部が行い、海外に保有する自社工場や協力工場へ発注。コンテナ船で東京港・大阪港の2拠点に輸送し、そこから3分の2相当の商品を全国の店舗に直送、残りを補充用の在庫分としていわき物流センターに運び入れます。生産拠点はミャンマー、バングラデシュの他、カンボジア、ベトナムなどのASEAN諸国や中国で、現地の各協力工場と直接契約することで中間マージンをカットした高い粗利率を実現。リーズナブルプライスかつタイムリーな商品供給を可能にしています。

海外工場から店舗直送で徹底的に無駄を排除

以前はいろいろなアパレルメーカー様ともお取引していましたが、自社で企画・生産して販売することでスピードも価格も実現できるとして自社企画での生産に切り替え、今日まで力を入れてきており、現在では年間２０００型以上の自社企画品を生産・販売しています。

もう一つ、お求めやすい価格を実現するための仕組みとして、海外工場における契約形態が挙げられます。当社ではミャンマー自社工場をはじめ、ＡＳＥＡＮ諸国に協力工場がありますが、各社から送られてくる製品は一旦港で集約され、店舗直送用にアソート組みされて、日本国内店舗に直送されています。例えばミャンマーでは8社の協力工場がありますが、8社の製品をミャンマー現地法人の物流センターに集約した後、本社からの指示に基づいた製品別の枚数で店舗毎に振り分け、各店舗別の仕分けが完了した状態で日本の港に届けることができます。

つまり、自社工場や各協力工場でものづくりをして、ミャンマー現地法人の物流センターに納めるまでが現地各社の仕事。そこから先、全店舗分の仕

図表・1　HONEYSのSPAシステム

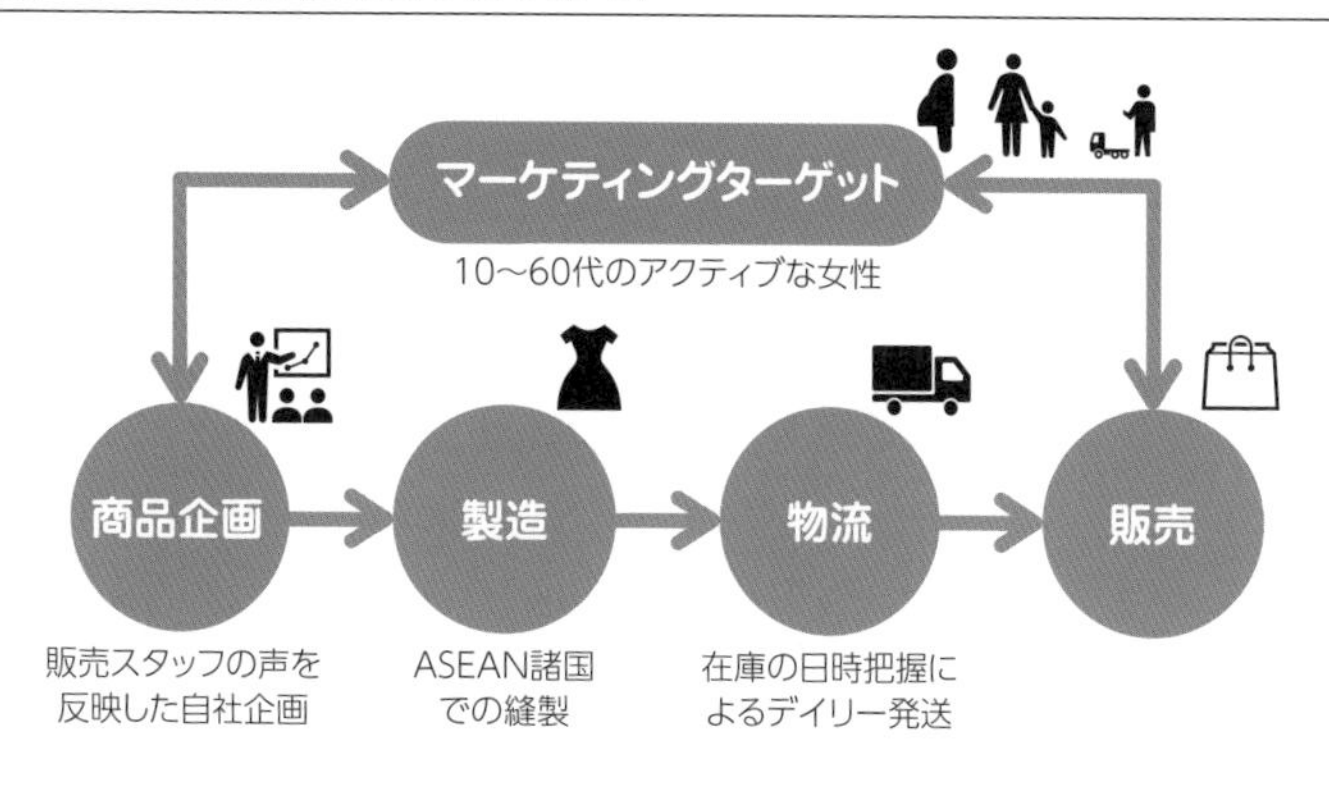

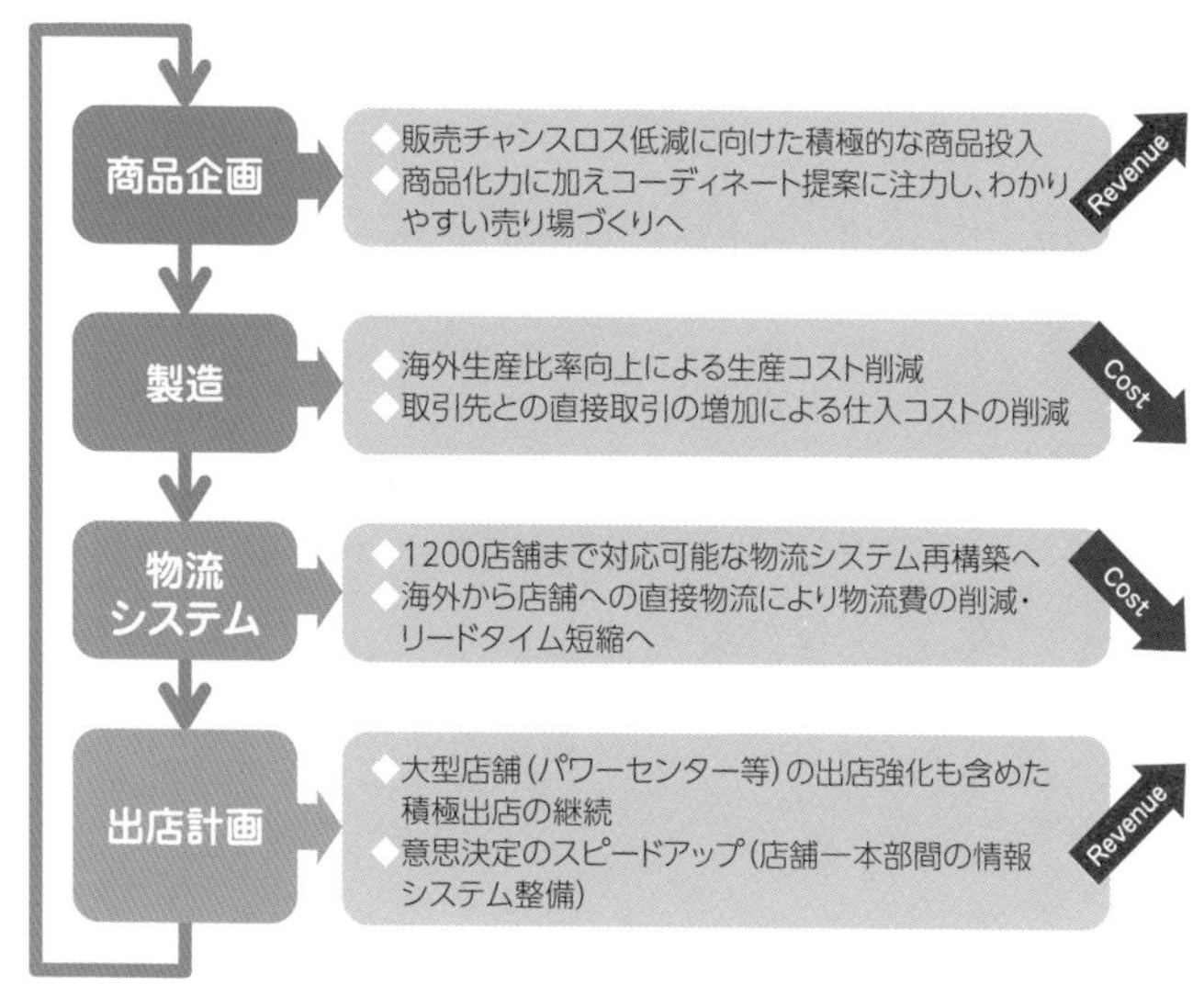

分けをして通関手続きを行うのは当社の仕事です。梱包して通関手続きを行う作業は手間がかかるため、当社で引き取ると協力工場側の負担も減り、当社としても店舗ごとに仕分けが完了した状態で国内に運び込めるため、コストも下がって効率がいい。お互いにとって都合のいい仕組みを採用することができています。

小売りから始めて縫製工場まで運営し、巨大な物流センターを抱えているアパレル企業はそう多くはありません。1985年に縫製工場を設立し、ものづくりを開始して以降、数十年かけてつくり上げてきた仕組みがあるからこそ実現できている「価格」でもあるのです。

なお、1985年に当社がものづくりを始めた国内の縫製子会社、ハニークラブで使用していたミシンは、現在もいわき物流センター2階にそのまま残し、当時の思いを継ぎながら、今なお利用されています。

「御社がいちばん厳しいです……」と恐れられる鬼の品質管理

お客様はただ安い商品を求めているわけではなく、値段に対しての価値が

高いものを求めていると考えています。3000円払うなら、5000円の価値があってほしい。これがお客様の求めるリーズナブルプライスです。自分たちだけが「安い」と思っていても仕方ありません。その基本理念をもとに、素材や品質について徹底的にこだわってきました。

商品の品質を決めるのは素材と縫製です。中でも素材にはかなりこだわってものづくりを行ってきました。素材を選ぶときには値段を最優先に考えているわけではありません。数十種類以上ある選択肢の中から最高品質のものを目利きで選びます。そして大量に注文することで安く仕入れることができるのです。

私たちの商品で、高品質の素材で作られたアクセサリー付きのブラウスがありますが、百貨店で買えばそれなりの価格が付く商品でもＨＯＮＥＹＳでは２２００円で販売しています。コートについても同様です。小売業である当社が自社企画・自社製造というＳＰＡモデルで作るからこそ、中間マージンをカットしてお求めやすいプライスでの販売が可能になっているのです。

素材は同じでも、中間業者を入れずに生産工場と直接取引することでこの

豊富なデザイン数、素材数、そして、リーズナブルプライスで展開されるブラウス

価格を実現しています。「ＨＯＮＥＹＳさんにいちばん安い価格で卸しているんですよ」と資材の仕入れ先の担当者に言われたこともあるほどです。

生地が毛羽立っていないか、伸びたり縮んだり、染色がムラになってしまっていないか……。高品質な生地の生産管理はとても難しいものです。専門の検査機関での検査に加え、いわき市の本社では、お客様の使用状況を想定して家庭用の洗濯機を使用して実際に洗濯してみたり、社内で実際に社員が着用してみたりと、厳格に素材の品質チェックを行っています。さらには、濡れた状態で色落ちしないか、乾燥した状態の乾摩擦で色落ちしないか、といった点なども製品ロットごとに細かく検査しています。なお、ファスナーやドットボタンは日本メーカーのものを使用しています。

また、１台当たり３０００万円もする高額な自動裁断機を自社グループ内で10台保有しているのは、品質へのこだわりがあればこそ。人間がやるよりも機械がやったほうが素早く処理できます。高額な買い物ではありましたが、これにより一度に裁断できる枚数と裁断精度を飛躍的に向上させることができました。

「ＨＯＮＥＹＳさんがいちばん素材にうるさい」と中国の協力工場から言わ

れたこともあります。店舗では、来店されたお客様から「どうしてこんな安い値段で販売できるんだ？」と怒られた店長もいましたが、それほど高品質の素材や縫製品質で他社を圧倒するような価格競争力を実現してきたといえるでしょう。

売れ残りを減らす在庫管理

さらに、徹底して売れ残りや廃棄商品にしないための工夫もあります。

ＨＯＮＥＹＳが展開するのは、25歳から45歳をターゲットにした、大人の女性のためのおしゃれ着ブランド『ＧＬＡＣＩＥＲ（グラシア）』、普段着からお出掛け着までさまざまな用途にお応えするノンエイジブランド『ＣＩＮＥＭＡ ＣＬＵＢ（シネマクラブ）』、15歳から30歳をターゲットにしたヤングカジュアルブランド『Ｃ・Ｏ・Ｌ・Ｚ・Ａ（コルザ）』の３ブランドで、構成比はいずれも約30％です。

ファッションアイテムは気温差や店舗の立地ロケーションで売れる商品が異なります。当社の場合、北は北海道から南は沖縄まで全国的に店舗を展開している上、駅ビル、ファッションビル、郊外のショッピングセンターなど立地ロケーションもさまざま。ターゲットの異なる3ブランドを展開していることでそのようなさまざまな店舗の状況に柔軟に対応することが可能になっています。

私たちは、『GLACIER』、『CINEMA CLUB』、『C・O・L・Z・A』の3ブランドの特徴をさらに細分化した「ファッションポイント」と呼ばれる区分を作っています。

例えば『GLACIER』では、「大人カジュアル」、「通勤カジュアル」、「セレモニー」の3ジャンル、『CINEMA CLUB』では「オールターゲット・ベーシック」と「ショッピングセンターの主婦層」を狙う2ジャンル、『C・O・L・Z・A』では「ヤング」、「ティーンズ」、「ヤングミセス」という3ジャンルが「ファッションポイント」として設定されています。このファッションポイント別に新商品の1品番当たりの店舗振り分け枚数を細かく設定しているのです。

各店舗への振り分けランクはABCの3段階。各ランク別に振り分け数量が設定されています。例えば札幌のある店舗は「大人カジュアルをBランク」で、「オールターゲット・ベーシックをAランク」で入荷したい、といった要望をオペレーションマネージャー（ＯＭ）がその店舗の特徴や外部環境を考慮しながら設定していきます。この初回投入振り分け以降はいわき物流センターの在庫管理システムにより売れた店舗に自動的に商品を追加投入し、配送されていく仕組みです。

郊外店舗や駅前店舗といった立地ばかりでなく、店舗の面積によっても売れ筋の商品が異なるため、試行錯誤の末、現在の仕組みに辿りつきました。最終的に本社で各店の売上状況に基づいて定期的に検証し、次回以降の商品投入時のアソート（店舗別の仕分け）枚数に反映していきます。

いわき物流センターのディストリビューター（商品管理担当）が、商品ごとの売上ベスト・ワースト店を分析し、例えば5枚投入しているのに他店よりも売れていないような店舗がある場合は、いわき物流センターからその商品の移動を指示したり、ＯＭの判断でエリア間・店舗間で柔軟に商品を移動させたりしながら販売機会を逃さないよう心がけています。

また、各担当者が判断しやすいように、店別に「売上は全店舗中、３１９位」、「商品回転率は４９２位」といった形で情報を与えることで、「全体の４００位だとするとこのランクでは少し商品量が多いのではないか」、「この

図表・2　HONEYSのPOSシステム概念図

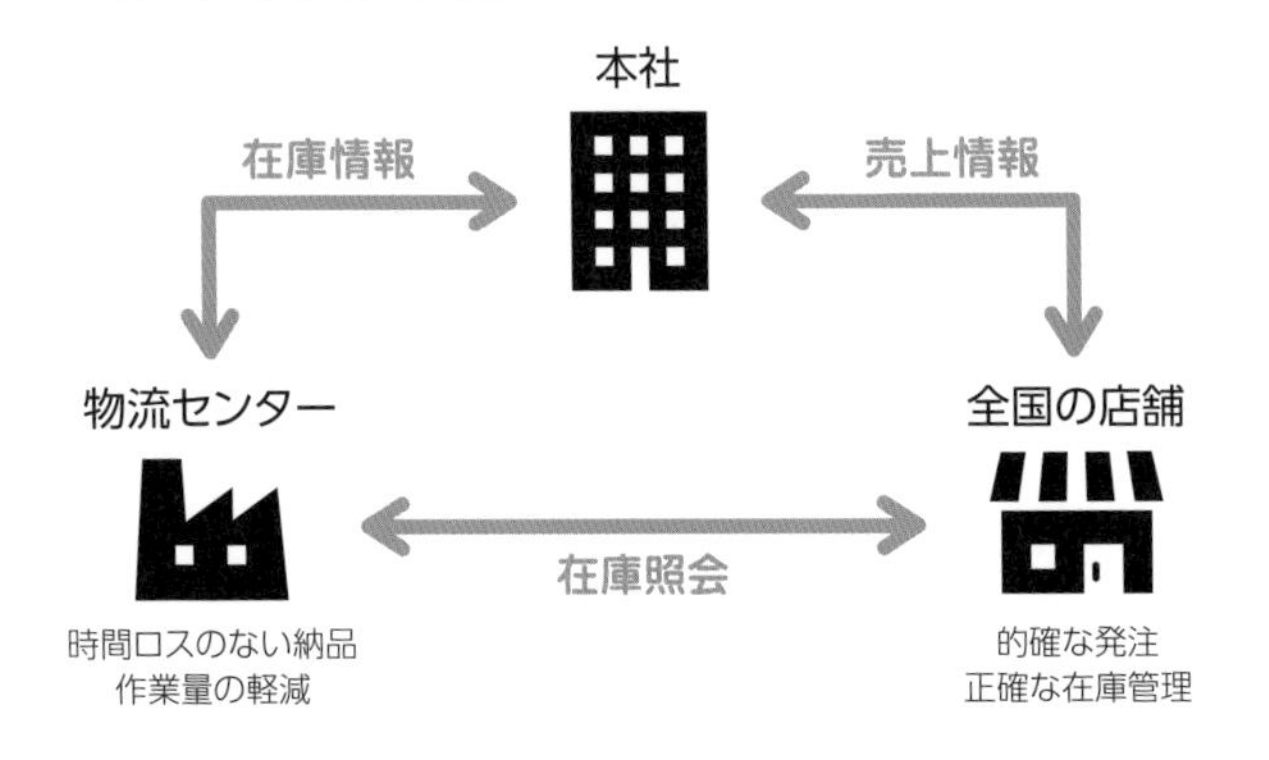

図表・3　店舗情報システム（IS）概念図

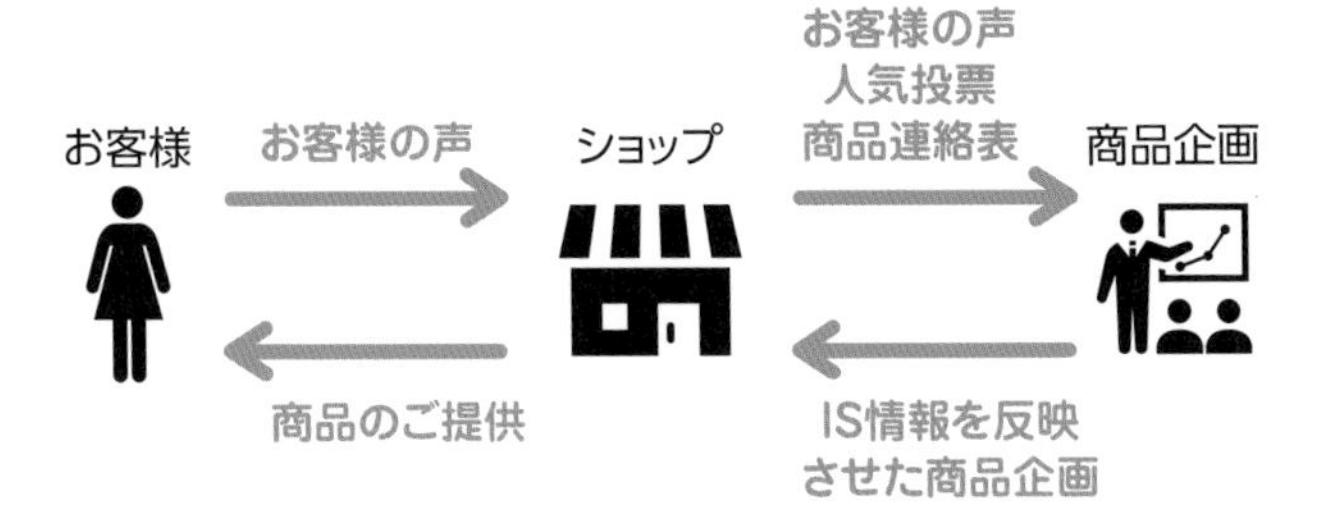

店舗のランクを一段下に落としたい」といった微調整を可能にしています。

さらに、各店舗の在庫状況については「多い」、「少ない」、「ちょうどいい」といった週次のアンケートを取っており、その回答の95%が「ちょうどいい」になるように店舗情報システム（ＩＳ）などを駆使して調整しています。


売れ残りを少なくするために、商品の消化率チェックも毎週欠かさず行っています。基本的には各シーズン末の一斉のセール販売は実施しませんが、売れ行きの芳しくない商品については、「２４８０円の商品は１９８０円まで価格を下げる」といった指示を本社から出すようにしています。

その後、さらにその商品の動きが鈍いままの場合の再値下げは店舗ごとの判断に委ねられます。店舗の周辺環境やデベロッパー（ショッピングセンターなどの運営会社）ごとの企画も考慮しながら、ＯＭやその配下のスーパーバイザー（ＳＶ）、ブロックリーダー（ＢＬ）、店長がそれぞれ相談しながら価格を見直ししていきます。

企画担当者＝ユーザー。自分たちが着たいものを作る！　②企画力

1品番が生まれて販売されるまで

ここで、一枚の洋服が製造・出荷され、販売されていくまでの商品の一生について見ていくことにしましょう。

新しい商品が生まれる前、そのヒントは街中や雑誌、ファッションショー、中国から届く新素材など、あらゆる場所に眠っています。その情報を精査・分析して、まずは商品本部の各担当者が商品の企画を考えるところから始まります。あらゆる情報からヒントを得て考えられた企画がＣＧで色柄をつけた企画書となり、企画会議によって商品化が決定すると、次はパタンナーがサンプルを制作します。

ちなみに、社内で新商品サンプルのジャケットやコートを着ている社員を見かけるのは、試着テストをしているため。実際に着ているうちに生地が毛羽立ったりしないか、着心地は問題ないかなどを入念にチェックしています。

仕様が決定すると発注書が送られ、工場での製造が始まります。生産拠点は現在、ミャンマー、バングラデシュ、中国に加え、ベトナム、カンボジア

などのＡＳＥＡＮ諸国。海外工場で製造された商品は、細かい品質検査を通った後に、店舗ごとのバーコードが入ったタグを付けられ、店舗ごとのアソート（店舗別の仕分け梱包）が組まれた状態で、コンテナに積み込まれます。

現在の主要拠点であるミャンマーから日本までは、コンテナ船で約３週間。東京と大阪の各港に到着すると、そこから全体の約7割に当たる商品が各店舗に直送されます。残りの３割がいわき物流センターにオンラインショップ用と店舗用の在庫として運ばれていきます。

店舗で販売された商品はＰＯＳデータに基づいていわき物流センターから売れ数に応じて各店舗へ自動的に補充され、最終的に残った商品はシーズンが終了すると再びいわき物流センターに戻り、いわき在庫センターに保管されます。

春夏物のストック品は9～10月頃、秋冬物は2～3月頃にいわき物流センターに戻ってきます。どうしても売れ残りが出てしまうため、戻ってきたストック品は再度プレスし、ハンガーにかけ、店舗ごとの再振り分けをして、翌シーズンには店舗の裁量で改めて値付け・販売してもらいます。販売は好調で、ほとんどそこで売り切れてしまいます。

図表・4　HONEYSの物流の仕組み

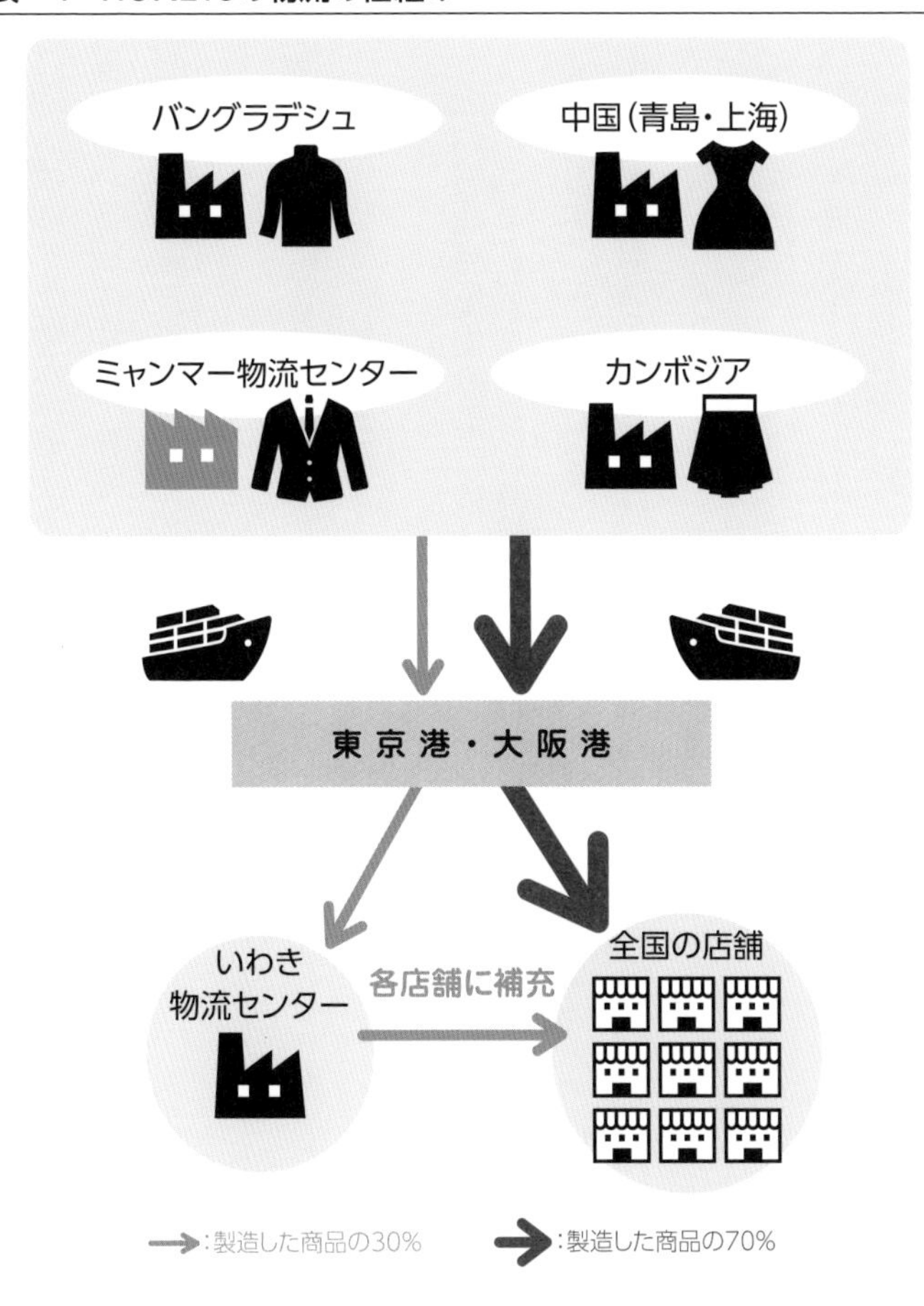

在庫品は基本的にいわき物流センターで一括保管されているため、オンラインショップ用の在庫を店舗用在庫に移動したり、商品ごとに売れ行きのいい店舗、悪い店舗で在庫を移動したりすることで、ほとんどの商品は1カ月半ほどで売り切ることができます。いわき物流センターとPOSシステムの活用で効率を上げ、在庫の適正化を図ることを可能としました。いわき物流センターを軸に在庫商品をくるくる回転することで、売れ残りを出さずにうまく商品を販売することを実現しているのです。

売れ筋商品を生み出し続ける、商品本部の1週間

商品の一生について知っていただいたところで、当社の強みである「高感度」を実現する商品企画の秘密についてご紹介していきます。そもそも「高感度」とは何か。それは、ごく一部の流行に敏感な人に「ステキだ」と思われる洋服ではなく、より多くの方に「新鮮で目新しい商品だ」と思っていただける商品であること。これが私たちの考える「高感度」です。

ファッションはデザイン・素材・色・柄の組み合わせです。それが四季に応じて変化していく。私たちは自社にデザイナー、パタンナー、CG担当、

仕様書作成、生産管理といった各担当を擁し、より新鮮で目新しい商品をいち早くご提供できる体制を構築しています。

洋服はすべて自社企画で、３～４月発売の春物は前年の11月頃には企画が始まります。ここでは、「高感度」を実現する仕組みについて、商品本部の１週間をもとに見ていくことにしましょう。

まず、月曜日の午前９時半、全国の店舗からの売上速報、ブランド別の売上ベストテン、全国の販売スタッフによる人気投票ベストテンが発表されます。

販売スタッフが「新鮮で流行に合っている」と感じたものと実際の販売データの両軸で総合的に「売れ筋」を判断・選別していきます。どの品番のどのサイズの何色が売れたのか、各商品の消化率、売上順位、全体の中での構成比はどうか。加えて、お客様の反応はどうか、といった、あらゆるデータを基に、まずは私と江尻英介社長、取締役商品本部長の大内典子常務、そして各ブランドの責任者で打ち合わせを行います。

結果が速報値として明確な数字で表れるというのはとてもシビアな世界で

大内典子（取締役 常務執行役員 商品本部長）

す。「あの企画は当たるだろうな」、「この商品はこちらの色味が売れるのではないか」。企画時に考えた結果が、毎週数字を伴って答え合わせされるのですから、やりがいがあるとともに非常にスリリングでもあるのです。

朝の打ち合わせが終わる午前10時からは、ブランドごとにデータを分析・検証し、追加発注する品番、色、サイズ、枚数などを決定していきます。自分が企画した商品の売れ行き、自分が売れると思った商品の売れ行きが週次でわかるので、緊張感があります。

ブランドごとに精査した結果と今後の展開について、午後からの営業会議で全社横断的に共有していきます。現在は本社と東京事務所をオンラインで繋ぎ、リアルとオンラインのハイブリッド開催で全ブランド担当者を集めます。私、社長、大内常務以下各ブランド担当者、店舗運営担当者などが参加し、前週までの状況、今後の発注予定、売り出し方について報告と共有を行っていきます。

まずは、前週の売上状況をブランドごとに発表。どのアイテムの話をしているのか、売れ筋の商品、売り出していきたい商品はどのアイテムのことなのかを全員がしっかり認識できるよう、会議の際には実際に現物のアイテムを見せながら説明していきます。アイテムごとの売れ筋ランキング、上代、売上高、前年同期比、販売枚数、消化率、展開色、売れ筋の色、在庫状況、入荷状況などについて共有し、他ブランドの動向を掴みながらそれぞれが、担当ブランドの分析をしていきます。

店頭での打ち出し商品については、スタイリング、コーディネート、販売手法に関する提案と共有を実施。最後に私から総括を述べ、会議は45分程度で終了。共有は入念に、ただしスピード感も重視しています。

火曜日は情報収集の日となります。コロナ禍においては、月2回、販促会議のタイミングで事前に店長にヒアリングした情報を企画担当に共有していますが、以前は、商品企画担当者が都内近隣店の店長とともに各エリアを巡回。「こういうものが売れるんじゃないか」、「ああいうアイテムがこの先は必要になってくるんじゃないか」とあれこれ話し合いながら、実際に道行く人々のファッションをチェックするとともに、周辺の競合店舗の陳列状況、売り出し商品をチェックしていきます。

特に新宿、池袋、原宿などのファッションビルが多く入っている地域は重点的に調査し、どのような商品がメインに陳列されているのか、アイテムを購入していくお客様はどんな人なのか、どのようなアイテムの前で立ち止まったのかなどを観察します。購買行動を実際に観察していると、売れ筋商品の方向性は自然と見えてくるのです。

これだけの型数を作り続けていても、当社にはないのに市場には存在するというアイテムがあることに気付かされます。さまざまな角度から情報を収集し、商品企画に生かしていくのです。

もちろん現地で収集する情報だけでなく、企画会社から送られてくる絵型や最新のファッション動向をチェックすることも忘れません。パリコレクションやミラノコレクション、ニューヨークコレクションの傾向を分析することもあれば、年間購読しているファッション誌や業界紙をチェックすることも。当社の通販サイトと他社のサイトの売れ筋商品の違いなども分析していきます。このように、感度高くアンテナを張り、さまざまなところに眠っているファッション情報を探しに行くのです。

そしていよいよ、水曜日は企画会議の日です。

朝10時半、私以下、社長、常務など、総勢40数名が本社と東京の各会議室に集い、2カ所をオンラインで繋ぎながら次に売り出していく商品の企画を発表していきます。

会議の参加者は商品企画担当者のみならず、EC、生産管理、仕様書作成、CG担当なども参加し、さまざまな角度から次に作るアイテムを検討します。

「初めて会議に参加した時は手の震えが止まりませんでしたね。手がブルブル震えて、持っていたプレゼン資料が遠目にも震えていたことでしょう」

そう語るのは商品本部グラシア事業室で商品企画を担当する、主任の小池恵利です。

彼女は元々福島県出身で、祖母がいわゆる「針子」として裁縫の仕事に従事されていたこともあり服飾に興味を持つようになりました。服飾系専門学校を卒業後、当社が上場で勢いを増していた2006年、商品デザイン部（当時）のパタンナーとして入社しました。

1年間パタンナーとして経験を積んだ後、生産管理を担当。中国の縫製工場視察や生地の展示会回りなどを8年間担当した後、東京事務所に異動とな

りました。現在はきれいめカジュアルを打ち出すグラシア事業室で商品企画を担当しています。

「初参加の際の企画会議は手だけでなく、声も震えてうまくしゃべれず、自分が何を言おうとしていたのかわからなくなるほど緊張しました。当時はまだオンライン開催でなく毎週東京から本社に出張して全員の前でプレゼンしていたので、すごいプレッシャーを感じましたね。提案数も今でこそ10案くらい提案できますが、初めて提案した時は三つが精一杯でした」（小池）

提案は1人ずつ実施し、1企画ごとに人気投票を実施します。担当者は色柄まで入った企画提案書を用意し、当日にプレゼン。本社の参加スタッフと、オンライン会議で参加する東京事務所のスタッフによる投票で企画が決定されます。

「一つ提案するごとにボタンを押してもらい、次の瞬間には、ドン！と結果が出ます。自信満々でもダメなこともありますし、逆に意外とイケた！ということもある。不採用が続くとその後の士気にも影響してしまうんですよね（笑）」

そう語るのは同じく商品本部コルザ事業室主任の森光藍です。

小池恵利（商品本部　グラシア事業室主任）

CZ-6
8
0
21
1.○
2.△
3.×

彼女は04年、販売員のアルバイトとして入社しました。流行のかわいい商品が安価に手に入ることに感動し、入社を決意したと言います。

その後、すぐに社員、店長、ブロックリーダー（BL）へと昇格。企画担当者とともに市場調査を実施する中で商品企画への思いを強くし、10年に商品本部へと異動になりました。

「店舗で販売員として働いていた頃、もっとこんな商品があったらいいのに、と思うことはよくありました。

お客様からも、例えばヤング系ブランドのC・O・L・Z・Aの場合は『もう少しゆったりしていたら私も着られるのに』とか『もう少し丈が長ければ買うんだけど』といったお声掛けをいただく機会がありました。そんな経験を重ねる中、大好きな接客以上に商品企画の仕事に興味を持つようになりました。

実際に企画担当者の方と市場調査をして、こんな企画があったらいいのではないか、こういう商品が他店では売れているんだな、という話をしていくのはとても刺激的で、その経験が最終的な決め手となって異動を希望しました」（森光）

森光 藍（商品本部 コルザ事業室 主任）

発注数が多い月のプレゼン週になると、1ブランドでも1週間当たり30型以上が決定していきます。

また、プレゼンはアイテムの提案だけでなく、今気になっている商品やアイテムの動向など、最近気になっているトレンドなどについても提案枠の時間を使って共有したり相談したりすることができます。そのような小さなきっかけから次の企画が誕生していくこともあるのです。

「初めてプレゼンして、ボタンを押していただき、その商品の企画が通った時は店舗まで商品を見に行きました。

あった、これだ！　って感動しました。と同時に、このアイテムは今全国の店舗に並んでいて、各店舗でハンガーラックに10枚掛けられているんだなと思うと『本当に全部売れるんだろうか』と急激に不安になってきたのを覚えています。

私の初めての企画アイテムは4月に売り出す夏物のワンピースでしたが、少し上代が高いものだったこともあり、余計にヒヤヒヤドキドキが止まりませんでした」（小池）

各担当者が提案してくれた中で、私や社長、大内が「もう少しこういう色

参加者は手にリモコンを持ち投票を実施する。

のほうがいいのではないか。違う色も提案してみてはどうか」とアドバイスすることもあります。直近で注目されている素材などがあれば「こっちの新しい素材に変えてみるとより今年っぽさが増すかもしれないね」と素材の変更も提案します。

「そのようなアドバイスに基づいて仕様を変更した際は、やはりそちらのほうが売れ筋になることが多く、本当にすごいなと思いますね。

新しい素材の取り扱いは難しいものです。1品番当たり数万枚単位で発注をかけるので、私なんかは本当に大丈夫なのかなとすぐ不安になって、売れている商品を少しマイナーチェンジするぐらいでいいのではないかと守りに入ってしまうのですが、会長は違います。

『新しいし、こっちのほうがきっと面白いよ。やってみよう！』と背中を押してくださるんです。

不思議なもので、そうするとその商品が次の週にはトレンドに入ってきたりして、『やっぱり市場に増えてきたね』って会長が笑顔でおっしゃるのが、本当にさすがだなと感じますね」（小池）

「会長が最後にポンッ！と追加した差し色などで、その色だけ売れたりする

提案をする側もそれを受ける側も一型ひと型、一色一色に徹底的にこだわり抜く、そして決定は即断だ。

ことがあります。少し派手な色だったので敢えて抜いていた色のことも多いのですが、会長は新しいものも果敢に導入されていくのでマンネリ化しません」（森光）

そんな悲喜こもごもの企画会議で無事に決定した企画は、翌週までに実際のサンプルに落とし込まれ、制作したサンプルで、もう一度人気投票を実施。ここでさらに篩（ふるい）にかけ、「思ったより丈が短い」といった細かな点を修正していくことになります。

「ボタンによる投票システムが他社で一般的なのかどうかはわかりませんが、当社には合っているとは思いますね。会議で意見を言い合うような仕組みだとなかなか本音を言いづらいものです。ボタンにすることで、よりリアルな心を反映した数字が出ているんだろうと思います」（小池）

「デザイナーだけでなくいろんな部署の方の意見を反映しているというのもこの会議の大きな魅力だと思いますね」（森光）

決定した企画は私が最終チェックをして、素材、色、数量、柄を決定します。この瞬間、人気が高いもので1型・4万着、通常商品で2万着、少ないもので1万5000着ほどの発注が決定。一度の企画会議で各ブランド平均

20～25型、計70型ほどの企画が決定していきます。

人気投票後の私のチェックはそろそろ卒業してもいいように思いますが、私たちが作る商品は1型数万着規模。あらゆるデータを駆使して分析しても、その商品が本当に売れるかどうかは誰にもわかりません。売れなかったときに責任を取れる人間が見ていたほうが、企画スタッフも思いきって取り組めるのでは、と従来からのフローを変更せずにいます。

また、当社の商品は地方都市のショッピングセンターに出店している店舗を想定した商品企画になっていますが、時には店舗立地の特殊性を生かした企画を通すこともあります。都市部の駅ビルやファッションビルに入っている店舗向けに小ロットで試験的に販売するような場合は1万枚程度の発注に留めます。

企画スタッフそれぞれに誰のどの企画が通ったかは一目瞭然。そうやって選び、選ばれながら、多くの人に支持される商品への感度を高め、各自の能力を磨いていきます。

「リアルタイムで数字が見えるので、売れているのを見た時は『キター!』と盛り上がります（笑）。それに、道行く人や、時にはテレビ番組の出演者などがＨＯＮＥＹＳの服を着ていることもある。すぐにわかるんですよ。そんな時はその場ですぐにスマホで撮影して、チーム内で共有します。『これ、うちの服だよね、私たちの企画だね』ってみんなで喜びを噛みしめるんです」（小池）

ＰＯＳデータで、街中で、店舗の中で、私たちの仕事の結果はさまざまなところで見ることができます。店舗の中でお客様がたくさんの商品を持ってレジに並んでいる姿を見ると、「こんなに欲しいと思ってもらえる商品を作ることができたんだ」と感動するものです。

逆に提案商品が売れ残り、販売員やＯＭたちが苦慮している姿を見ることもあります。値下げしてもシーズンで売り切れないこともある。その悔しさが、次の企画に生かされていきます。

ただトレンドを追えばいいわけではない。物珍しければいいわけでもありません。

エッジが利き過ぎてダメなこともあれば、投入タイミングが遅過ぎてダメなこともある。

一日何度も投票をして、それを毎週繰り返す。その結果を実際の販売データと照合して、また戦略を組み直す。色、柄、素材、着心地、そしてトレンド。さまざまな要素の掛け合わせを何度も何度も繰り返し、試行錯誤して磨き上げていくのです。

なお、店舗の販売スタッフやオンラインショップ担当者はこの企画会議にこそ参加しませんが、それぞれの声はさまざまな場面で集約され、売れ筋商品のデータや人気投票とともに現場の声を企画に反映させていく仕組みとなっています。

そうやって決定された企画は、数量や色、原価、投入時期、枚数などを記入して仕様書として仕上げられていきます。

木曜日は決定した提案をブラッシュアップしていく日です。各ブランドから上がってきた「こんな企画で商品を作りたい！」という提案書を基に、朝から晩まで各ブランド担当者のプレゼンテーションと検討を行います。プレゼンが終わると、ブランドごとにどのような素材、デザイン、色柄で進めていくのかについてさらに詳細を詰めていき、翌金曜日に発注をかけます。いわき本社に来訪する中国などの委託先各社の担当者との商談現場で、各社から相見積もりを取り、発注先が決まります。3ブランドでワンシーズン500型、年間2000型以上の企画が生まれていきます。

カットソー、スカート、ニット、ジャケット、ワンピース、ブラウス、パンツ、スーツの8部門に、OEM（Original Equipment Manufacturing：他社製品の製造）商品が主となる靴やバッグ、下着などを製造委託していま す。その他、ディズニーなどの版権ものの商品も生産・販売していますが、それらも、極力、直契約での取引。制約を受けるものはほとんどないと言っても過言ではありません。

「入社する前に感じていた『HONEYSに行けば、欲しいものが見つかる！』というあのワクワク感。それを今作れているのだと思うととても幸せです。これからもそのワクワクやトキメキの実現のために、一喜一憂しながら、奮闘していけたらと思っています」（森光）

「売り場リフレッシュ」で底上げを図る、店舗運営部の奮闘

商品本部が生み出した商品を、リアルに消費者に届ける役割を担うのが、店舗運営部です。本社から届く基本戦略を踏襲しつつ、エリアごと、店舗ごとに最適化した商品の陳列、コーディネート、お客様の導線を考えていきます。

店舗運営部のこだわりは、「整理整頓され、選びやすく、見やすく、買いやすい売り場をつくること」。

当社のように、チェーン展開をしているようなＳＰＡ企業の場合、商品の陳列についてあらかじめすべてを本社で決め、各店舗はその通りに実施するのみということも多いですが、私たちは店舗ごとのロケーションの違いなどを考慮し、ある程度現場の担当者に判断を委ねています。

本社からは商品ディスプレイの事例や「こういう商品に力を入れている」といった基本情報を送りますが、それを基に、どの商品をどのように陳列していくかは店舗ごとに決定しています。商品ディスプレイの自由度を持たせ、店舗スタッフ自身に考えてもらうことが仕事のやりがいや面白さに繋

がっていると考えるためです。

店舗を統括する店長の上に、3～5店舗ほどを管轄するブロックリーダー（BL）、15～20店舗程度を統括するスーパーバイザー（SV）、40～60店舗程度を監督するオペレーションマネージャー（OM）を配置し、それぞれが担当店舗の売り場に関する指導や相談を行いながら店舗運営に当たります。

店舗の商品ディスプレイは店長ならびに所轄の上長に任せていますが、週次で上がってくる売上速報や館内競合各社の売上などを勘案し、売上が伸び悩んでいると判断された店舗には「売り場リフレッシュ」と呼ばれるテコ入れを実施します。

ある館内で当社の前年比売上高が110％で一見好調に見えたとしても、競合店の前年比が軒並み120％だった場合は、もっと売上を伸ばせる可能性があるということ。同じ館内であれば外部要因は同じなので、店舗の前年比に対して改善ポイントはどこにあるのか考える必要があります。そこで、1カ月の中でそういった店舗を何店舗か抽出し、対象店舗に対して担当するOMやSV、BLが出向いて、その店舗の売り場を集中して刷新していきます。

まずは、その店舗と競合の前年比差を算出。不調原因を分析し、実施内容

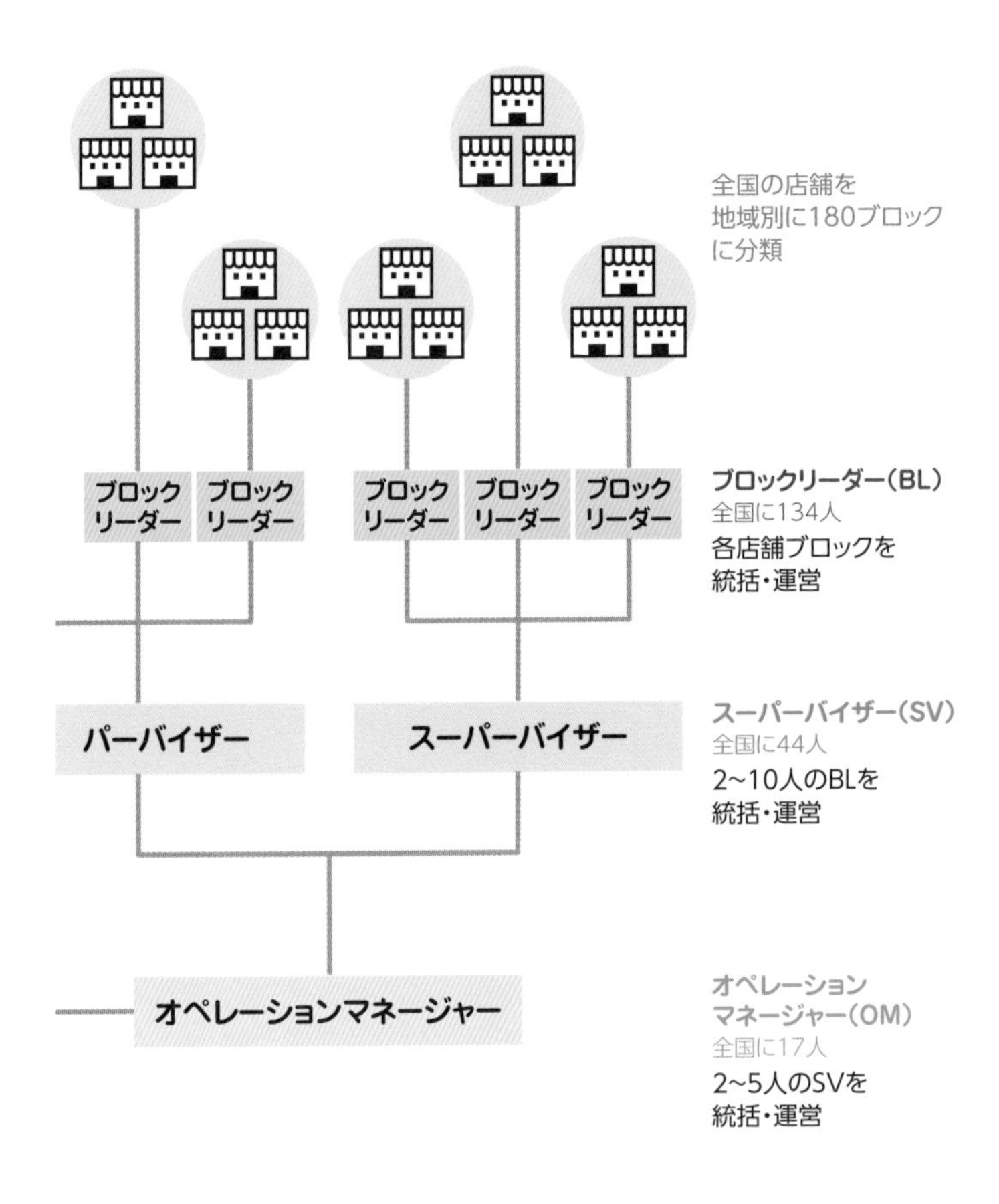

※2022年12月1日現在

図表・5　店舗運営の組織

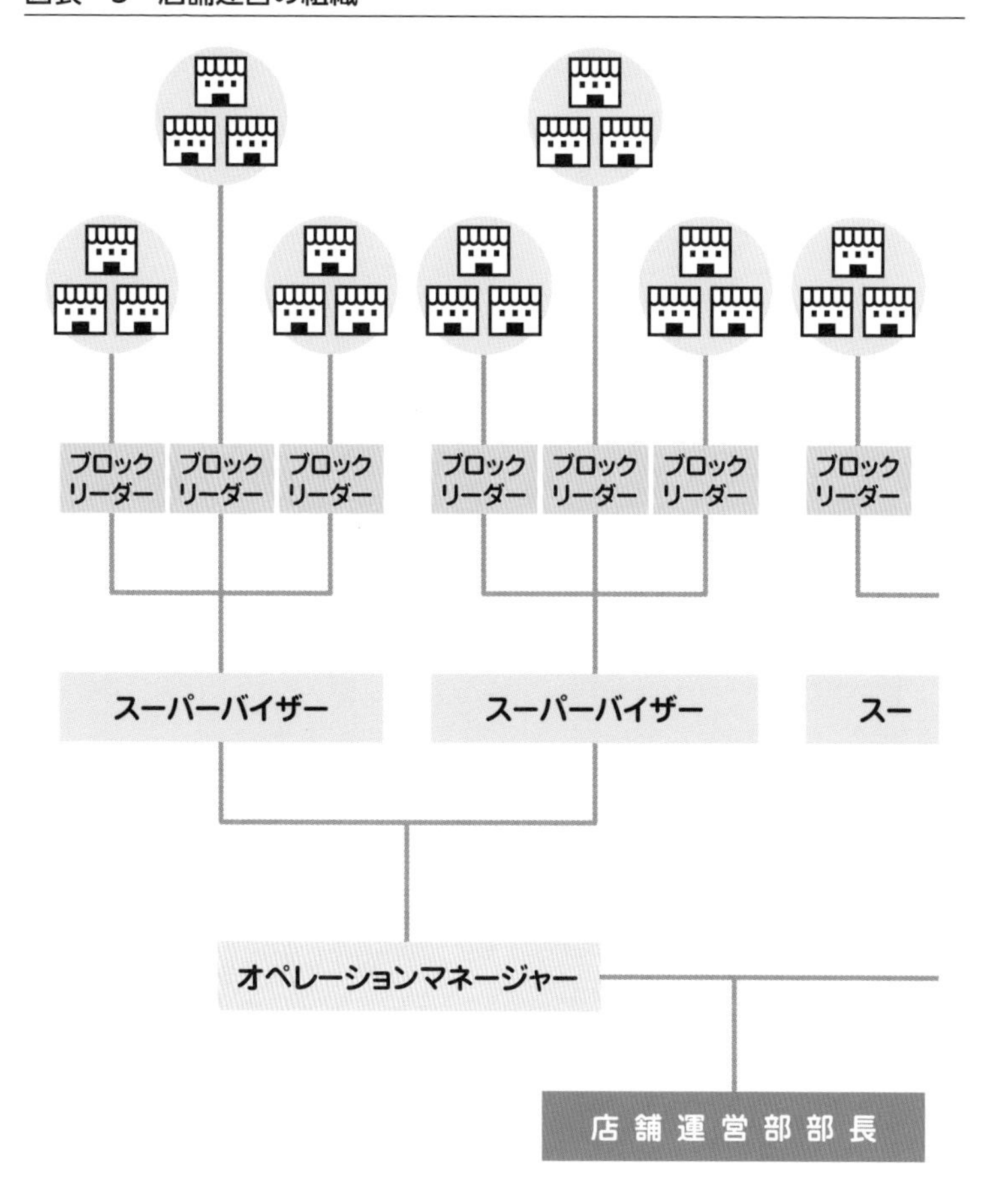
ブロック リーダー
ブロック リーダー
ブロック リーダー
ブロック リーダー
ブロック リーダー
ブロック リーダー
ブロック リーダー
スーパーバイザー
スーパーバイザー
スー
オペレーションマネージャー
店舗運営部部長

を決定します。店内にある販促ＰＯＰのサイズや訴求内容は適切か、店頭の斜め掛けハンガーに出ている商品の色味はすべて網羅されているか、ラックの位置が適切かといった細かな部分までチーム一丸となって検討し、是正に取り組みます。

「売上が良くないお店は、売り場が整っていません。洋服の畳み方一つ、ハンガーの掛け方一つから指導し、商品整理について学んでもらいます。売り場にとって大切なのはお客様にとって見やすいことなので、商品の置いてある場所が多少悪くても、そういった細かい部分がきちんと整っていれば、何とか見やすさ、きれいさは保たれます」

そう説明するのは、執行役員 店舗運営部首都圏エリア担当部長を務める坂内法子です。１９８６年入社で、その後、店長、ＢＬ、ＳＶと昇進し、２００６年にＯＭに昇格しました。坂内は出店攻勢やスクラップ＆ビルドを経験してきたベテランで、現在は首都圏エリアにおける店舗や売り場に関する責任者として、「売り場リフレッシュ」や月例ミーティングの開催、新店やリニューアルオープンに関する各種準備、採用面では説明会や面接、入社式、懇親会、入社後の研修などに携わっています。

坂内法子（執行役員 店舗運営部 首都圏エリア担当部長）

「まずは売り場をきれいに整えることが最優先。そこがクリアできたら次は売れ筋の商品や会社として注力していく商品がお客様の手の届くところ、よく見えるところ、通路を歩いていてよく目に留まるようなところに配置できているかを確認します。店舗によって売れ筋の色味なども変わってくるので、展開している色味が多い商品の場合は、全社での売れ筋はこの色だけど、この店では年齢層が低めなので、別の色をいちばん前に出してみよう、といったことを伝え、『売れ筋商品を目立つところに陳列する』ことを覚えていってもらいます」（坂内）

ただし、一方的に教えるだけでなく、自分で考える力を養うために、館内の競合店舗を一緒に見て回ることもあります。

「何の商品が出てるかな？　どの色が多そう？　あのディスプレイかっこいいよね！　そんなふうに声掛けしながら、私も店長と一緒に考えるところから始めます。店舗の改善は一度一緒に取り組めば次は自力でできるようになるものでもないため、何度か継続して見に来てあげるようにしながら、『店長はどう思う？　お店では今どの色が売れてるの？　あの時こうしたら売上が伸びたから、今回もやってみるといいかもね』と質問や提案を投げかけな

がら少しずつ成功体験を積み重ねてもらうんです」（坂内）

「売り場リフレッシュ」実施後は、売上がどれだけ回復したかを数値で確認し、想定通りに回復しない場合は再度調整をかけ、担当者が最終的な実施報告書にまとめていきます。

「店頭打ち出し商品は何か」、「その優先順位はどうするか」といった基本方針の打ち出しならびに各ブランドの売れ行き商品といった販売状況は本社から週次で提供し、店舗側で裁量を持ちながら販売、1カ月ごとに販売状況を加味して売り場を「リフレッシュ」することで常に売り場の新鮮さを維持しています。

各店舗の情報は月に一度開催される月例ミーティングにて報告され、共有されています。売上や商品情報、どのような商品が売れているのか、値下げはどこまで実施すべきなのかといった実践的な内容を共有し、全体最適を図っています。

なお、「売り場リフレッシュ」自体が始まったのはここ数年のことですが、それまでも似たような取り組みは個々の判断で行われてきました。

「はじめは何を聞いても明確に答えを言えなかった新任の店長が、一緒に店舗の改善に取り組んでいくうちに、『うちの店ではこれが売れているので、こちらのアイテムを中心に並べたいです』とはっきり言えるようになってきた時はとても感動しました」（坂内）

実際、ＯＭは管轄している店舗が多いため、苦労も絶えません。

95年の新卒入社組で、地元・茨城を中心に店長、ＢＬ、ＳＶと昇進し、２００７年からＯＭとして活躍している田島浩江は、次のように話します。

「私は、自分が管轄しているエリアのＳＶと密にコミュニケーションを取るように心がけています。ＳＶからＢＬへ、ＢＬから店長へとしっかり情報を落としていける組織をつくることが重要だと思うので、まずは直下であるＳＶとのコミュニケーションは丁寧に行うよう注力しています。私の気持ちや考え、会社のめざすべき方向性などもことあるごとに伝えるようにしていますし、逆に彼女たちの意見も真摯に受け止めるようにしています。コミュニケーションの第一歩としては、なるべく『店長』といった肩書での呼びかけではなく、〇〇店長、〇〇さんと名前で呼ぶようにし、ＨＯＮＥＹＳが掲げる『明るく元気に笑顔で挨拶』という接客目標も自らが率先して行うようにしています」（田島）

田島浩江（店舗運営部　課長　オペレーションマネージャー）

田島は新卒で入社し、今年で社歴28年目を迎えます。

「私が新卒で入社した当時、1泊2日の新入社員研修を実施していただき、その後もBLやSVが店長を兼務しているような店舗でいろいろと教えていただきました。まさか自分がOMにまでなるとは思っていませんでしたが、これまでも何か大変なことに直面するたびに上長が助けてくださったので、私もそのような存在になれるよう一人ひとりにきちんと向き合って力になっていきたいと思っています」（田島）

「私も同じ思いです」と話すのは、03年の新卒入社で、現在店舗運営部課長兼オペレーションマネージャー（OM）の鐘ヶ江教子です。

「私がSVになりたてだった06年頃のHONEYSは出店ラッシュで、年間100店舗ほどの出店攻勢をかけていた時期でした。自分が店長を務める店舗をオープンした1週間後にもう一つの別店舗をオープンさせなければいけないというタイミングがあり、一つは鳥取、もう1店舗が島根と遠く、なかなか日帰りで気軽に行き来するのが難しい状況でした。自店舗のスタッフだけでも10人ほどいてその子たちのことも気にかけなければいけないし、新店舗のことも見てあげないといけないし、という状況で、かなり大変な時期で

鐘ヶ江教子（店舗運営部 課長 オペレーションマネージャー）

したが、当時のＯＭたちが駆けつけて、助けてくれたことをよく覚えています」（鐘ヶ江）

　こんな話もあります。売り場を託された店長の中には、大雑把な性格で商品整理が非常に苦手なスタッフもいます。そんな店長を抱えていた、あるＳＶは、商品展示の良い例・悪い例についてオリジナルの資料を作り、店長たちに配布することに決めました。半年後にＯＭが店舗を訪れると、見違えたように整理された陳列棚になっていたことに驚いたと言います。どうすれば伝わるのか、どのように接すれば成長に繋がるのか。各ＯＭやＳＶたちが工夫し心を尽くしてきたことが、全体の質の向上に繋がり、ひいては顧客満足度にも繋がってきたのではないでしょうか。

　もっとも、４年連続顧客満足度第１位の快挙について、最前線を担う店舗運営部の面々は冷静です。

「ここにＨＯＮＥＹＳができてよかった、ここにＨＯＮＥＹＳがあってよかった。そう言ってもらえる売り場づくりに終わりはありません。商品本部の方が企画してくださり、実際に商品となって売り場に届くまでには多くの手を介し、多くの思いを乗せています。私たちはその思いをきちんと受け止めてお客様にお伝えする役割を担っているのです。まだまだやれていないところもたくさんある。これからも顧客満足度トップを継続していけるよう、努力し続けるのみです」（坂内）

売り場づくりの第一歩を担う、店舗開発部の活躍

店舗運営部が担う売り場づくりは、そもそも「どのエリア」の「どの施設」に出店するかを計画する段階から始まっています。出店計画を担うのが、店舗開発部のメンバーです。

店舗開発部では、現地に赴いて物件担当者と会い、現地を調査しながら出店場所を選定、条件交渉を行います。その他、既存店舗の契約見直しや増床時の交渉、売上の厳しい店舗の退店手続きを担うのも店舗開発部の仕事です。出店業務はタイミングや縁によって大きく左右されることがあり、「いい物件」が市場に出回るタイミングでうまく出店に繋げられるよう、店舗開発部のメンバーには日頃から出店先の担当者との密なコミュニケーションを取り、信頼関係を構築することが求められます。

店舗開発部東日本担当マネージャーの岩松順子は、99年入社。学生時代に

アルバイトスタッフとしてＨＯＮＥＹＳに入社し、卒業と同時にそのまま社員になりました。入社後、店舗運営部で店長、ＢＬ、ＳＶ、ＯＭまで歴任し、出産を機に育児休業を取得。その後、17年から現在の店舗開発部に籍を移しました。

「店舗開発部に異動になった当初は、いろいろと悩んだ時期もありました。運営部にいた際には年１００店舗の出店ラッシュ時で多忙を極め、どうしてこんなに出店ばかり行うんだろうと疑問に思っていたこともありましたが、開発部で実際に会長や社長と密に戦略を練りながら出店計画を考えるようになると、いろいろと考え抜かれた末に最終的な決定が下されているんだということを理解できるようになりました」（岩松）

出店場所は、周辺環境や館内の競合店調査はもちろん、館内での立地、客導線、開口部の広さなどについても適切な売り場づくりが可能かどうか、現地に赴いて入念に検討した末に決定されます。そうして迎えたオープン当日は、店舗運営部だけでなく、店舗開発部のメンバーにとっても緊張の一瞬です。

「オープン初日はいちばんドキドキしますね。お客様が店舗に入店されているのを見ると本当にうれしくなります」

岩松順子（店舗開発部　東日本担当　マネージャー）

そう語るのは18年入社で店舗開発部東日本担当マネージャーを務める増田誠です。前職はデベロッパーでリーシングなどを担当していましたが、店舗開発に興味を抱くようになり、当時店舗開発に積極的だった当社に転職を決意しました。

「自分がいいと思って出店した店舗の売上が伸び悩み、退店処理に回る瞬間はやはりつらいものがあります。逆に、自分指名で『あなたにならこの物件を紹介したい』と言われたときは本当にやりがいを感じますね」（増田）

店舗開発担当者は、デベロッパー側にいかにＨＯＮＥＹＳの魅力を知ってもらうか、施設ごとのコンセプトに沿っていると判断してもらえるような説明の仕方がいかにできるかといった交渉力が試されます。

コロナ期間中には既存店舗で１００店舗以上の隣地増床を手掛けてきた店舗開発部のメンバーであり、店舗開発部東日本担当次長を務める寺脇昌哉は、店舗開発の仕事の本質を次のように総括します。

「個人的に最も大切にしているのは、一度出店した店舗にはできるだけ末永く存続してもらえるような店舗開発を行うこと。施設の中での移転や改装などで売上向上を図れるならそのほうがいい。そもそも、退店とならないよう

寺脇昌哉（店舗開発部　東日本担当　次長）

な物件を探してこれるよう、誠実に、全力を尽くすのみです」（寺脇）

事業部ごとに角度は違えど、めざす道は同じなのです。

企画から60日で商品を市場へ届ける物流システムの秘密

③スピード

流行マッチ型の売り切りファッションの根幹を支える圧倒的スピード

流行をぎりぎりまで引き付けて、商品企画をスタートさせることができるのは、業界最速クラスといわれる圧倒的なスピードを誇るＳＰＡシステムが構築されているからです。

レディースファッションの流行サイクルは早く、生鮮食品にも例えられるほど「旬」が大切な商品です。ＨＯＮＥＹＳではトレンドを逃さずお客様の手元にスピーディーに商品をお届けするため、試作から製造に至るまでのタイムロスを極限まで排したクイックレスポンス体制で、商品企画から店頭販売までのリードタイムを最短約60日で実現する仕組みを整えてきました。この商品供給システムを可能にしているのが、全社全店舗を結ぶＰＯＳシステムと２００４年に完成したいわき物流センターです。

福島県いわき市にある、ＨＯＮＥＹＳのスピードの要の一つともいえる「いわき物流センター」は、約９万５０００平方メートルという広大な敷地に建設されています。現在、ハニーズホールディングスの２５０人を超える一般従業員に加えて、特例子会社ハニーズハートフルサポートの約20人がこのいわき物流センターで働いています。

この土地は元々東京の会社が保有していましたが、同社が撤退した際にＨＯＮＥＹＳが買い取りました。その後、03年以降の店舗規模拡大に合わせて順次増築し、21年8月に一部3階建ての新建屋が完成しました。

このいわき物流センターでは、仮に「ある品番」の「黒」の「Ｍ」サイズが５５０店舗で売れたとすると、その日のうちに５５０店舗のすべてに自動で納品を手配することができます。1品番1サイズ1カラー1枚から対応できるため、無駄がありません。

通常、納品の最小単位は1箱からになりますが、1枚売れたからといって1箱分売れるとは限りません。売れなければ店舗のストックルームに残ってしまいます。そこで店舗の販売状況と物流センターの在庫情報を繋ぐシステムを導入して、各店の在庫を適正化できるよう図りました。全店舗の商品在庫をすべていわき物流センター1カ所で担っており、売れたものを売れた枚数分だけ自動で補充しています。そもそもこれだけの物流センターを所有・

いわき物流センター

運営しているアパレル企業も少ないのではないでしょうか。

このいわき物流センターの仕組みは、外部のコンサルタントなどを入れずに、私が自分自身で考えました。それはちょうど、年に150店舗ほど出店していこうとしていた時期でした。

レディースファッションの場合はどこの店舗でどれぐらい販売できるか予測するのが困難です。売れたところに売れた枚数の分だけ送ってキレイに売り切ることができれば無駄を排することができるのではないか、そう考えたことがきっかけでした。

レディースファッションの商品は多品種でなおかつ小ロット。そんなに多くの在庫を店舗に置いておくことはできません。それならいわき物流センターで総在庫の3分の1を抱え、必要な店舗に必要な枚数だけを自動で振り分けて自動的に配送するトラックに積み込める仕組みを整えることが最も効率がいいのではないか。

社内のみならず、配送を委託する会社の担当者も巻き込んでいろいろと話をしながら、在庫管理システムを考案。構想1年半、建築に約1年費やし、

04年1月、ついに現在のいわき物流センターが完成したのです。

いわき物流センターが可能にする在庫管理の効率化

さて、それではここからいわき物流センターの内側をご案内していくことにしましょう。

1階に荷受け専用フロアがあり、ほぼ毎日海外委託先からの製品が入荷してきます。入荷ピーク時で40フィート（収納容積約65立方メートル）のコンテナが約8台、連日製品を運んできます。

いわき物流センター到着分は、店舗到着分の約1週間後に入荷するので、それまでの間に店舗ですでに販売された商品についてはセンターに入荷され次第店舗補充分として各店舗に送られていきます。

検品を終え、店舗配送分を引いて残ったものはセンター2階の在庫フロアに保管されます。

実際に商品が店舗へ追加配送されたり、オンラインショップ販売分の商品を個人のお客様に届けたりするまでの工程をご紹介していきます。

最初に全国の店舗への配送システムについて紹介しましょう。各店舗に配送する商品のピッキングが終わると商品がレーンに乗ってスロープに流れ、自動ソーター機に入っていきます。

滑り台のようにも見える10台のレーンは自動ソーター機と呼ばれる仕分け機械。それぞれ店舗ごとに商品の仕分けがされ、その商品が配送されるべき店舗の場所に到着するとケースの中に落ちる仕組みになっています。例えばある商品を50枚抜き取る指示が事務所から出ると、指示された商品がピッキングされてこのスロープに流れ、スタッフが一枚一枚整えてソーター機に流していきます。この自動ソーター機は1基当たり7000点、全体で7万点の商品を処理しており、約30人がこのエリアを担当しています。

商品でいっぱいになったケースは、次にラベラー機のほうへ向かっていきます。ケースの脇についているバーコードを読み取って店舗あての送り状が印字して貼り付けられ、トラックヤード、出荷口へと向かっていきます。全国各地の方面別に約5台のトラックが出発し、それぞれの中継地点を経由し

❶商品1種類、1種類ごと、1着、1着ごとに、全店舗別に仕分けされたケースの中に納まっていく

て各店舗へと送られていきます。トラック1台当たり300ケース、1日当たり10台ほどのトラックがいわき物流センターを出発します。時期にもよりますが1日1店舗当たり、多い店舗では5～6ケースは出荷されていきます。

続いて、オンラインショップの配送システムについてです。

オンラインショップ用の在庫はいわき物流センターの2階で店舗用とは分けて管理されています。店舗用の在庫スペースの隣にあるのが、オンラインショップの作業場兼在庫保管場です。平日約40人、土日約20人の方がここで作業しています。

まず、商品のピッキングについて見ていきましょう。オンラインショップの在庫管理エリアでは、スマートフォンとリングスキャナーと呼ばれる機器を使って一度に数十人分のオーダーの商品をまとめてピッキングしていきます。カートの中にピッキング指示書と納品指示書が入っており、バーコードを読み込んで作業を開始すると、指示書にある注文のすべてのロケーションを音声ガイダンスが指示してくれます。指示通りの場所に行って商品をピッ

❷商品が詰められたケースは、発送地方別に並んでいる運送会社のトラックに自動的に向かっていく

キングしバーコードを読み込むと、次の商品の場所までまた道案内を開始します。エラーはすべて音声で知らせてくれるので、ピッキング段階で商品を取り違えることはありません。

商品の在庫スペースはかなり広大ですが、カートを持ったピッキング担当者が一方通行で、整然と並んだ在庫棚を回って、該当の商品を集めていきます。

ここで活躍するのがゲートアソートシステム（GAS）と呼ばれる仕分け機です。ピッキングされた数十人分の商品を、この仕分け機を使って一人ひとりの注文内容に仕分けていきます。

GASには人数分のケースが用意されており、一つのケースがお客様1人分の注文になるように仕分けていきます。商品に付いたタグを読み込むと、該当のケースのふたが開き、そこに商品を入れ終わると、ケースはレーンに乗って梱包室まで運ばれていきます。

GASにおいても作業工程のエラーを音声で知らせてくれるので、商品を入れ間違えることはほとんどありません。

❸発送先のお客様別に、一つひとつ丁寧にピッキングされていく商品

かつてはすべて手作業で、お客様ごとに商品をピッキングしていましたが、時間が掛かる上にピッキングの間違いも起こるため、２０２１年にこのＧＡＳを導入して効率化を図りました。

次は梱包室を見ていきましょう。梱包室では、自動梱包機が２基動いています。１基１日当たり約５０００個、２基で約１万個の処理能力があります。２基の梱包機に挟まれるように、自動製函機と呼ばれる、段ボールを組み立てる機械が３台並んでいます。３台はそれぞれ大きさの異なる段ボールを組み立て、梱包担当者は３段になって流れてくる３種類の段ボールから注文量にふさわしいサイズを選んで商品を梱包していきます。

商品が入ったケースは、開封した状態で照合機、自動封函機へと流れていきます。商品の上に乗せられた納品書のＱＲコードを照合機が読み取り、ケースのサイドにＱＲコードがプリントされたシールを貼り付けます。次に照合機はケースに貼られたＱＲコードと納品書のＱＲコードを照合します。次いでお客様の住所を呼び出して印字、ラベリングを行い、出力されたお客

❹最新のシステムにより、集められた商品が、お客様別に丁寧かつ迅速に仕分けされる

様の住所と納品書の情報が一致しているかを再度照合し封函は終了します。読み取りから最後の照合までを約3秒で終える驚異的なスピードです。その後、3辺の合計を計測して運送料金を算出、運送会社に引き渡します。

以前は手作業で実施していたピッキング作業。現在は、ピッキングする担当者と仕分けする担当者、梱包する担当者の分業制とし、それらを自動化機械のサポートによって業務の習熟度もさほど問われず、絶対に避けなければならない注文内容と商品のミスマッチも皆無となり、注文を受けてから出荷するまでのスピードも飛躍的に向上しました。この最新鋭のEC業務支援システムを導入したことで、労働生産性を5割近く改善することができたのです。

最後に、期末戻りの商品を保管する在庫センターを見ていきましょう。冬に保管しているのはその年の夏物の期末戻し分。それを一度いわき物流センターに引き上げて次の夏にきれいな状態で販売できるように管理・保管しています。

一つひとつ箱を開け、ジャケットやワンピースなど、シワになりやすいも

❺発送内容に間違いがないか、再確認をしながらの箱詰め作業

のにはプレスをかけ、ハンガーに吊るして保管します。約20人の社員がこの在庫センターを管理しています。極力、商品廃棄を出さないようにするために設備と手間をかけているのです。

在庫センターに戻ってくる冬物商品の多くはコート類の定番商品。冬物は店舗からハンガーを付けたまま在庫センターに戻してもらい、ハンガーラックに1点1点かけて保管します。コートに限らず、どの商品もきちんと手間をかけて保管をしますが、店舗にはなるべく売り切るようお願いしています。

余談にはなりますが、コロナ禍の20年はすべての業界でコンテナ船の遅延が相次ぎ、HONEYSにおいても冬に売るべきジャケットの納品が大幅に遅れて12月になってしまいました。その時も当社では発注通りに全量を買い取り、翌年も引き続きコロナ禍の影響を見越してその時の反省を生かして早めの納期を設定したのですが、一転して予定通りに到着してしまい、本来の販売時期よりも早い入荷になってしまったため、商品の保管場所の確保に苦労することになりました。納期管理の難しさもありますが、協力工場各社とは約束を違えずに取引することでより一層の信頼を勝ち取ってきたのです。

❻自動化された発送ラインでＱＲコードが貼り付けられていく

商品化までのスピードは他社を圧倒。決定から60日で店頭へ

当社は、競馬に例えるなら、第4コーナーを曲がった後で勢いのいい馬をジャッジして馬券を買える。そんな流行マッチ型のビジネスモデルです。「この商品は売れそうだ」と、会議を抜け出して電話で発注をかけたこともあります。縫製にかかる時間を短縮することは難しく、どこの企業もそう大差ありません。つまりスピードを上げるには、商品企画が決まってから発注するまでの期間をどれだけ短縮できるかにかかっていると考えたのです。そのためには物流システムのような仕組みのみならず、社員1人ひとりの「スピードを意識する文化」が重要になってきます。

「3日考えて答えを出すよりも1日で考えてすぐ動き、間違えていたらまたその翌日訂正してリスタートすればいい」

これは私がコロナ禍以前、店長研修などでもよく伝えていたことです。

スピード感を保つために、当社では中間業者を徹底して排して、生産委託先の海外の工場とも直接取引してきました。社内外からの確認や相談は2日以内に必ず返事をするよう徹底し、そんな細かなこだわりを貫くことでリー

❼QRコードから送付状がプリントされ、そのまま、発送される

ドタイムの短縮を図り、「生産スピードと量産の両立」を可能にしてきました。パターン制作も過去の膨大なデータを生かしてアレンジすることで効率よく制作することができます。

規模の大きいアパレル会社なら1カ月かかるようなサンプル制作でも、パターンから裁断縫製まで、高い技術とキャリアを持つ社員の手によって最短で1日〜2日で終わらせることができてしまうのです。

現在の規模になってなお、零細企業だった頃のスピード感を大切にしています。常にスピード感を持って進めていくことで、判断をギリギリまで引きつけて、最新のファッションを追いかけることができるのです。

最旬のファッションが、最速の決断によって商品化され、ヒット商品となっていく仕組みがここにあります。

第2章

帽子店から婦人服事業への転身

車社会で帽子は売れない!?　帽子店から婦人服へ、最初の一歩

HONEYS経営のわかれ道①　斜陽産業からの転身

斜陽産業になりつつあった家業の帽子店

私は1946年、福島県いわき市に生まれました。兄1人、姉1人の末っ子次男。帽子職人の父のもとにいわき市小名浜で育ち、福島県立磐城高等学校を卒業後、早稲田大学第一文学部社会学科に入学しました。

昔から「とにかく負けず嫌い」で、コマやメンコに始まり、競輪や麻雀、パチンコなど含め「どうしたら勝てるのか」ということをいつも考えていました。次男だったこともあり、実家が営む家業を継ぐことはまったく考えていませんでした。当時、大学の先輩たちの多くはマスコミに就職しており、私自身も出版社や新聞社などに就職したいと考えていました。

ところが兄が就職し、姉は結婚。当時地方では珍しかったショッピングセンターが実家のあるいわき市小名浜にできるということで、父はそのショッピングセンターに自店舗を出店したいと考えていました。兄と姉が家を去っ

てしまったため、ついに白羽の矢が立ってしまった私。大学4年生の夏、実家に戻るなり父から「商売を継いでほしい」と懇願されました。自分を育てて大学まで行かせてくれた両親には恩も感じており、地元で定評のある帽子職人だった父の顔に泥を塗るわけにもいかないと思いました。代わりに、と父親が条件に追加したトヨタ マークⅡに心惹かれたのも事実ですが……。

だとしても、私には積極的に帽子店を継ぎたいとは思えませんでした。正直、いやいや、仕方なく、エジリ帽子店の経営を引き継ぐことになったのです。

そうした後ろ向きな姿勢で店の経営を引き継いだ私が、商売に身が入ろうはずもありません。20代の頃は片手間で仕事を捌きながら、ゴルフに麻雀、競輪と遊び歩いてばかりいました。

転機となったのは、2人目の子どもが生まれたとき。私はすでに30歳を超えていました。このままでいいのか？　という自問自答を繰り返す日々でした。

――しっかりと自分自身で稼いでいかなければ！　周囲の友人を見渡せ

ば、すでに10年はスタートが遅れたので、焦りもありました。

ただ、当時は55歳や60歳が定年という時代でしたから、あと10年だけ、70歳まで頑張ればいいんだと思うと、ずいぶん気が楽になりました。

ずいぶんと遠回りしてしまいましたが、ようやくその時に目を覚ますことができたのです。まさに、心機一転、生まれ変わったのでした。

15坪の婦人服店から再スタート

真剣に商売をやろうと市場を改めて俯瞰(ふかん)してみると、家業の帽子店の未来に不安がよぎりました。

高度経済成長期のただ中にあった当時、世間ではマイカーブームが到来。１９６５年に59万台だった乗用車新車販売台数は70年には２３７万台に、乗用車保有台数は72年に１０００万台、75年には１６００万台を突破しました。車社会がこのまま浸透していけば、外出時に帽子を被る人も減っていくのではないか――。

一方、日本における衣料品の年間販売額は58年時点で約２９４０億円だったのに対し、76年には約５兆５４８０億円へと飛躍的に増加していました。

帽子店の次に婦人服店に挑戦しようと思ったのは、叔父や従弟が婦人服店を営んでいたという環境も影響しました。

「自分も婦人服をやってみたい」という思いに駆られ、8坪の婦人服売り場と7坪の雑貨売り場をもつ婦人服店を、有限会社エジリとして開業するに至りました。78年、私が31歳の時のことです。

初年度赤字……低価格路線へ舵を切れ！

HONEYS経営のわかれ道② 高級路線から低価格路線へ

高価格帯の商品で苦戦し、初年度赤字に

40～50代向けの婦人服を購入するお客様は行きつけの店が決まっていることも多く、新規参入が難しいといわれていました。資金も乏しくメンズ服を置くほどのスペースも準備できなかったことから、取り扱う商品は10～20代の若い女性向けのカジュアルファッションに絞ることに決めました。

当時原宿界隈で人気のあった若い女性向けブランドに、「ハニーハウス」がありました。バンタンデザイン研究所の創設者・菊池織部（きくち・おりべ）氏が展開していたヤングカジュアルブランドで、当時すでに十数店のフランチャイズ（ＦＣ）を展開していました。レディースカジュアルというジャンルではまったくの素人だった私は、当時大々的に募集していたそのブランドのＦＣに加盟し、「ハニーハウス」という店名で新しく店舗を構えたのでした。

創業当時の本社

ところが、いざ商売を始めてみると、若い女性向けの服は流行り廃りのスピードが速く、扱いが難しい。しかも、人気のある企画やデザインであったとしても、地元の中高生にとっては1着5000円もする洋服は手軽に買える商品ではなかったのです。

サンリオなどを扱っていた雑貨部門は好調でしたが、婦人服部門は苦戦。結局、初年度は赤字を計上してしまいました。

100億円企業をめざす決意

婦人服をどうしようか、と考えるようになっていた創業1年目のある日、当時著名だった流通業界誌主催のセミナーが東北で開催されることを知り、地元で小売業を営む友人に誘われて参加することになりました。

何の業種の方だったのか、今となっては思い出せないのですが、そこに登壇されていた経営者の方が、講演の中で自社の売上高について触れるシーンがありました。

売上高100億円。

(この人でも100億円を売り上げることができるんだ……)

良い意味でショックを受け、自分も何とかやってみるべきではないのだろうか。私の生来の「負けず嫌い」魂に火が灯った瞬間でした。

商売を始めて1年目、店舗数は1店舗。初年度売上高３９００万円で赤字を計上したその年に、私は１００億円という夢を描きました。

――10年、いや、15年。

15年後に１００店舗、１００億円を達成したい。周囲の冷ややかな目をよそに「どうすればその目標を達成できるのか」だけを考え始めました。

そのためには取扱商品をお客様が買いやすいと思える価格まで下げ、広くチェーン展開をして、どこに住むお客様でも買いやすい店舗にしたい――。次々とアイデアが浮かび、さまざまな仕組みを思い描きました。

当社が１００店舗１００億円を達成したのは、それからちょうど15年後に当たる１９９３年のこと。この日思い描いた当社の将来像をぴたりと実現するに至ったのでした。

いわき市小名浜にオープンしたハニーハウス1号店

目利きで見つけた「スウィングトップ」が大ヒット

初年度赤字を喫して以降、「ハニーハウス」から提供される企画商品を主軸に据えながらも、もっと手頃で感度の高い商品を自身で発掘しようと、都内のアパレルメーカーに足を運ぶようになりました。

１９８０年代になると、皆が同じようにさまざまなものを手軽に手に入れられるようになっていました。その一方、それぞれのライフスタイルや価値観に合わせたものづくりが求められるようになり、ポストモダンと呼ばれるこれらの潮流は、カルチャーやファッションにも波及していきます。そんな中で訪れたのが、ＤＣ（デザイナーズ&キャラクターズ）ブランドブームでした。

ＤＣブランドとはデザイナーの作風や名前を前面に押し出したファッションブランドの総称で、既製品を大量生産していた大手アパレルメーカーに対抗する形で、多品種少量生産を行っている小規模メーカー各社の勢いが高まっていました。

当時、原宿界隈のアパレルメーカーは飛ぶ鳥を落とすほどの勢い。奥さんがパタンナーで、ご主人がセールススタッフという、夫婦で経営する小規模事業者が乱立し、マンションの1室で商品企画を作っていたことから、マンションメーカーと呼ばれていました。そうした中から、今では誰もが知る著名なブランドの多くが生まれてきたのです。

2カ月に一度の展示会には欠かさず足を運び、都内には週に一度は出張していました。朝いちばんの常磐線の特急で都内のマンションメーカーに商談に向かい、夜9時半の最終電車でいわき市の自宅に戻ってくる生活を創業後数年間続けました。

展示会に行っては「これだ」と思う企画や素材を選び、比較分析し、生地の仕立て屋までさかのぼって仕入れを検討します。

当時、そうした中で掴んだ商品企画の一つに「スウィングトップ」がありました。スウィングトップとはショート丈にデザインされた、薄手のブルゾンのこと。他社が5900円で販売しているなか、この「スウィングトップ」を3900円という、当時としては破格の価格で発売すると、たちまち当社の店舗での大ヒット商品となりました。

中学生から20歳そこそこの若い女性がお小遣いを握りしめて3900円の商品を買っていく。誰かが買うと、「私も、私も!」と熱狂が伝わるようにどんどん売れていく。今でこそ、ＳＰＡ企業の一角に名を連ねるようになりましたが、当時は自分で企画を考え、自分で作ったファッションを売るという商売は本当に面白いものだな、と考えたものでした。

コスパ最強の仕入れの秘密

それでは、なぜ、そんなに安く販売することができたのか。

それは、仕入れに秘密がありました。各社の展示会や商談で「これは売れる」と思った商品については、１店舗当たり１００枚、30店舗なら３０００枚を発注します。当初は福島県の見知らぬ小売店ということで「どこの田舎者だ」と相手にされず、前払いで送金してからようやく商品を送ってもらえるような状況でした。

次第にメーカー各社に当社を認知いただけるようになると、１型当たり数千枚という単位で発注していたことから、他社が５９００円で販売している商品でも当社では３９００円や４９００円で販売できる価格で仕入れられる関係になりました。当時は生地も縫製も日本製。国産商品をこの価格で販売できるというのは当時としては画期的なことでした。

福島県内のアパレル小売店は決まったところにしか卸せないという縄張り的なものがあって取引できないアパレルメーカーもある中で、自分の目で見出した、新進気鋭のデザイナーが作った商品企画を当社仕様の別注品で安く大量に売り出したことで、お客様から大きな反響を得ることができました。

帽子事業を別店舗に移し、30坪で婦人服店を再スタートさせたところ、翌年からの売上は6000万円、1億2000万円、2億4000万円と順調に伸びていきました。いわき市内に4店舗を出店してからも、4億8000万円、そして7億5000万円と、倍々ゲームで右肩上がりに。当時としても、地方で売上高10億円規模なら十分だといわれたかもしれませんが、私の目標は100億円企業。その後も、初の県外店舗となる仙台市のショッピングセンターを皮切りに、福島市、郡山市、宇都宮市、水戸市など、いわき市からも程近い、南東北から北関東圏の主要な大都市に次々と店舗を展開していきました。

知名度としてはまだまだでしたので、当初のショッピングセンター内での売り場は最も奥に配置されて、恵まれていたとは言い難い立地であったものの、各店はいずれも他店に妬まれるほどの売上を上げることができ、一目置かれるような店舗になっていました。

　連日の盛況ぶりに「3カ月前から娘に頼まれて遠くから買いに来たのに、混んでいて、いまだに店の中に入れない」とお客様からお叱りを受けた店舗もあります。雑貨も好調で、版権もののノートや消しゴム、下敷き、鉛筆などの文房具も飛ぶように売れました。

　当時のアパレルメーカーでは商社を通じて生産がなされ、卸業者を通じて小売店に商品が流通していましたので、お客様の手元に商品が渡るまでに、それぞれの中間マージンは元より、返品リスクや期末セールでの値引き販売分まで販売価格に転嫁する商慣行が一般的でした。したがって、お客様にとっては品質に対して割高に感じることが多かったかもしれません。その点、私たちは草創期からアパレルメーカー直接仕入れで全量買い取りを前提とすることで、メーカー側のリスクを減らし、よりお求めやすい価格でお客様に販売することに取り組みましたので、結果として当社としても売上を伸ばすことができるという、いわば「三方良し」の形に持っていくことができました。

「感度のいい商品を手頃な価格で販売できれば、しっかり売れるのだ」という、当社のビジネスモデルの原点となることを確信した瞬間でもありました。

目利き力の原点

「レディースファッションは儲からない」と言われることがよくあります。「必ず売れる」という商品が減り、売れないものはまったく売れなくなりつつあります。発注して店舗に商品が並ぶまで、その商品が本当に売れるのかは誰にもわかりません。どの商品なら売れるという保証もない。天候、災害、為替……予期せぬさまざまな不確定要因がたくさんある世界です。

そんな中、「どんな基準で次に作る服を選んでいるのか、その目利き力はどこから生まれるのか」と聞かれることがよくあります。正直自分でもその正体はわかりませんが、なぜか昔から「先を読む直感力」のようなものがありました。

競輪でもカジノでも負け知らず。英介社長にも「負けて帰ってきたところを見たことがない」と言われるほどです。基本的には大きく勝つより、小さく勝ってサッと引くことが得意だったように思います。引き際を見極めるのがうまかったのかもしれません。

何事も熱中するととことんはまるタイプだったので、どうやったら勝てるのか、いろいろと研究するのが好きだったことを覚えています。おかげで当時ブームになったボウリングでも県代表に選出されたほどです。

私にはそのような勘の良さに加えて、毎週地方から都内に出張して街を行きかう女性の服を観察し続けてきたことで、前週との微妙な差異、リアルなトレンドの変化に気付くことができるようになったのではないかと思います。「最先端でなくてもいいが、流行には遅れたくない」と考える多くのお客様に認められる商品を強く意識できるようになったのでしょう。

売れる商品というのも、大ヒットを当てるような百発百中の目利きとはいきませんが、これだけ毎週情報を集めて分析していれば、過去の経験則から「今年はグレーがはやるだろう」といったことが何となく直感で予測できるようになる。10種類あれば三つぐらいは売れ筋を見極められるようになります。

今は企画会議を開いて多数決で売り出す商品を決めますが、「これは売れそうだな、これはダメだな」というのは翌週のデータを見ずともだいたいわかります。膨大な服に携わり、その商品がどうなったかを見てきたからこそわかるものだと思っています。

今も本社の商品本部には来年に向けた新素材が山ほど届いていますが、そのような情報一つひとつを丁寧に吟味し、過去のデータと照らし合わせながら「来年の企画は何がいいんだろう?」、「今の流れからいえば次に流行る色はグリーンなんじゃないか」――。そんなことを日夜考えながら目利き力を磨いているのです。

HONEYS誕生！　自社企画で服も雑貨も大ヒット

HONEYS経営のわかれ道③　縫製工場の設立とものづくりの始まり

DCブランドとの取引終了！　HONEYSとしての再出発

1980年代後半となり、ちょうど日本はバブル経済の華やかな時代を迎えていました。私が78年に有限会社エジリを設立した頃、東京ではラフォーレ原宿や新宿のマルイといった都市型のファッションビルが注目され、それらで取り扱われるDCブランドに、若者たちがそれぞれの個性を打ち出すためのファッションとして喜んで大枚をはたく光景が見られるようになってきました。当然、その舞台となったDCブランドメーカーの多くは人気を背景に強気の価格設定で売上を伸ばしており、雑貨、不動産、飲食店経営と、アパレル以外の事業にも着手するなど、多角化経営を進める企業も少なくありませんでした。

そうした中で、2カ月に一度の展示会のたびに仕入れ価格は吊り上がり、次第に別注取引も難しくなっていきました。そこで、「感性が良くて手頃な

1988年当時の本社

商品を」という当社の方針に合わなくなってしまったと判断して、85年にDCブランドとの取引を全面的に見直すことにしました。「福島県いわき市という地方の立地を生かすのであれば、自社で作るしかない」と考えた私は、いわき市内に縫製工場を設立することを決めました。HONEYSが今ではSPA企業の1社に数えられるようになった瞬間でした。

この時に入社したのが、のちに商品本部の中心的人物として活躍することになる、現・取締役商品本部長の大内典子常務でした。

その頃の社内の様子について大内は次のように回想しています。

「入社したのが6月で、7月には縫製工場を立ち上げるという話が出ていました。8月には縫製工の採用をスタート、9月には従業員をそろえていました。生地も会長自ら東京に足を運んで仕入れられ、何もかもがあっという間。物事の進んでいくスピードに圧倒されたことを覚えています」（大内）

縫製工場は2階建て、約70坪の広さがありました。私たちは、この工場の運営会社として株式会社ハニークラブを設立。従業員数はハニークラブ単体で約120人、地元協力工場を含めて約300人という大所帯にまで成長しました。

生地の仕入れ方もミシンの踏み方もわからず悪戦苦闘

さて、縫製工場を立ち上げた私たちでしたが、当然のことながら、当時はものづくりに関するノウハウはまったく持っていません。そもそも、どこに行けば生地が仕入れられるのかすらわからない。まずは縫製工場に出入りしていた付属品メーカーの担当者などに生地の仕入れ先を教えてもらうことから始めました。

そして、生地の仕入れ先がわかったと喜んだのも束の間、今度は生地メーカーが生地を売ってくれないという問題に直面しました。工場の規模も小さく、取引実績もない相手に、生地メーカーはそうそう簡単に生地を売ってはくれなかったのです。ここでも、当社の支払い能力を案じる生地メーカー相手に、現金先払いと大量仕入れによって実績を少しずつ積み重ね、一つひとつ信頼を勝ち取っていきました。

今思えば、なまじ「自身に目利き力がある」という自負があった私は、洋服作りも容易にできるはずだと、心のどこかで高を括っていたのかもしれません。右も左もわからず悪戦苦闘する毎日に、「ものづくりと目利きとは

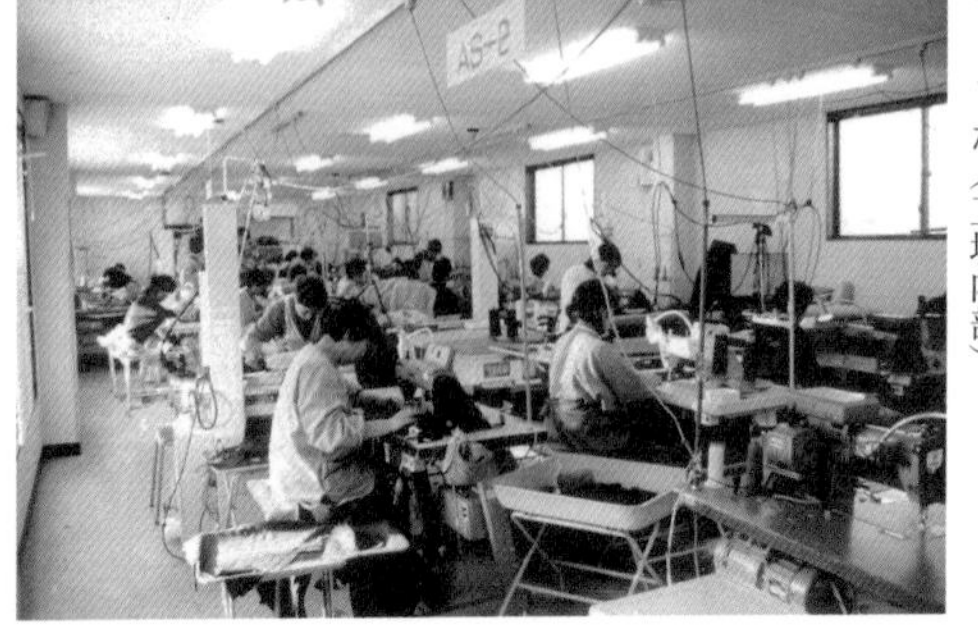

やっとのことで人手を集め製造がスタートした（工場内部）

まったく異なる技術。ものづくりとはこんなにも難しいものなのか」と思い知ることになりました。

生地を仕入れることに成功した私たちが次に直面したのは、十分な縫製技術を持ち合わせていないことでした。

私たちは洋服を作ったこともなければ、ミシンを踏んだこともありません。当時いわき市内には大小いくつかの縫製工場があったことから、知り合いをつてに縫製の技術者たちに教えを請い、ミシンの使い方から覚えていきました。

もちろん生地を仕入れて縫製技術を学んだだけで洋服はできません。デザインを考えるデザイナー、デザインを実際に型紙に落とし込むパタンナー、生地や生産の管理、仕様書の作成、品質管理など、ものづくりにはそれぞれのプロフェッショナルが必要であり、そのためにはプロフェッショナル人材の採用が必要だったのです。

ところが無名のアパレル企業が人材募集をするのは容易なことではありません。時は地方でもバブル経済の影響が出始めてきた頃。「売り手市場」と

ハニークラブ工場（外観）

いわれる中での採用活動には大変苦労しました。

1985年に株式会社ハニークラブを設立した私たちは、翌年、有限会社エジリから株式会社ハニーズへと社名を変更し、当時としては日本で類を見ない「小売業発のSPA」へと生まれ変わりました。しかし、生産の仕組みが整わない中で苦労は絶えず、失敗の連続。自社企画商品は売上全体の4分の1を占めるようになりましたが、売れ筋商品を自社で作るのは難しく、在庫スペースには売れ残りの山が築かれることに。当然売上も上がらず、SPAとなった初年度は1億円近い赤字を計上することとなりました。

徐々に服飾系専門学校から新卒採用できるようになり、ものづくりの技術とノウハウを蓄積できるようになると、次第に商品の品質も向上していきました。

出店ができない！　人が集まらない！

1986年頃から首都圏進出への出店攻勢をかけていた私たちにとってバブル期の首都圏のデベロッパーは非常に手ごわく、出店先を確保するのも大変なことでした。

　出店募集の要項には坪当たり１００万円と書かれている出店保証金が、なぜかその金額ではダメだと言う。１００件の募集枠に対して５００件も１００件も申し込みが来ることもあるのだからと、差し入れ保証金をいくら上積みできるのか迫られたことさえありました。田舎の無名企業には出店条件も厳しかったのです。そうした苦労を乗り越え、89年には総店舗数50店舗を達成することができました。

　ただし、当時の首都圏だとすでに採用市場は「超売り手市場」。何とか出店を決めても今度は販売スタッフが集まりません。仕方がないので東京都江戸川区葛西に土地を購入し、社員寮を建てるという奇策を思いつきました。東北含め地方で人材を採用して、都内の社員寮に住んでもらいながら販売員として通勤範囲にある首都圏の店舗で働いてもらおうと考えたのです。「東京で働きたいけど、住む場所や生活費が心配」といった本人やご家族の不安を少しでも和らげられるのでは、と考えて思い切って自社の社員寮を建築したのです。

現在の年間2000型を生産する規模となるための生地の手配、企画部門、製造部門、販売部門の整備には想定の数倍の苦労がありましたが、92年には自社企画比率50％を達成。2012年にミャンマー第一工場を設立したことでさらに自社企画比率が向上し、ミャンマー第二工場が操業を開始した15年以降になってようやくほぼすべての洋服を自社企画に切り替えることができました。

レディースファッション専業で大部分の商品を自社企画で担っている企業は、当社をおいて他にはそう多くありません。創業7年目という早いタイミングでものづくり企業になることを決めたからこそ、現在の地位を確立することができたのです。

大胆なスクラップ&ビルドでバブル崩壊を乗り切れ!

HONEYS経営のわかれ道④ 市街地店舗を閉店してSC出店に舵を切る

バブル崩壊! 売上激減で3期連続赤字

1989年12月29日、日経平均株価は3万8915円87銭を記録し、5年前と比較して約4倍近い高騰を見せていました。明けて90年1月4日の大発会では株式市場が202円の暴落を喫し、以降、幾度かの浮上がありながらも、前年12月29日に記録した株価は、今に至るまで超えることがありませんでした。

アパレル業界がこのバブル崩壊の影響を本格的に受け始めたのは、他業界に数年遅れた93年頃のことだと記憶しています。

私が創業当初掲げた100店舗100億円という目標を達成することができた93年、この年は、80年ぶりとなる記録的な冷夏が日本を襲い、世間では米不足が話題となっていました。アパレル業界においては夏物の洋服がまったく売れないという危機が訪れ、バブル崩壊に伴う景気の低迷と重なり、結果的に業界全体にとって大変厳しい時代の引き金となってしまいました。
93年を機に売上高は横ばいとなり、94年、95年、96年は3期連続の最終赤字を計上。社内で検討を始めていた株式上場の計画も一旦見送ることになりました。業界内では、日本のファッション業界をけん引してきた鈴屋、三愛、鈴丹などが相次いで経営破綻。まさに混迷の時代へと突入していったのでした。

なかでも鈴屋は１９０９年創業の老舗衣料品店で、業界のリーディングカンパニーです。最盛期には全国に３００店舗を構えた一大企業でしたが、94年に赤字に転落、97年には7億円の手形の不渡りが確実となり、事実上倒産しました。

業界の内外で大企業が軒並み倒産していく中にあって、当社も創業以来最大の試練を迎えていたのでした。「ＨＯＮＥＹＳも危ないのでは?」、そんな噂が業界内で囁かれていることも私の耳に入ってきました。

大胆なスクラップ&ビルドで危機を乗り切れ

当時、当社の出店先の多くは駅前立地のファッションビルでしたが、バブ

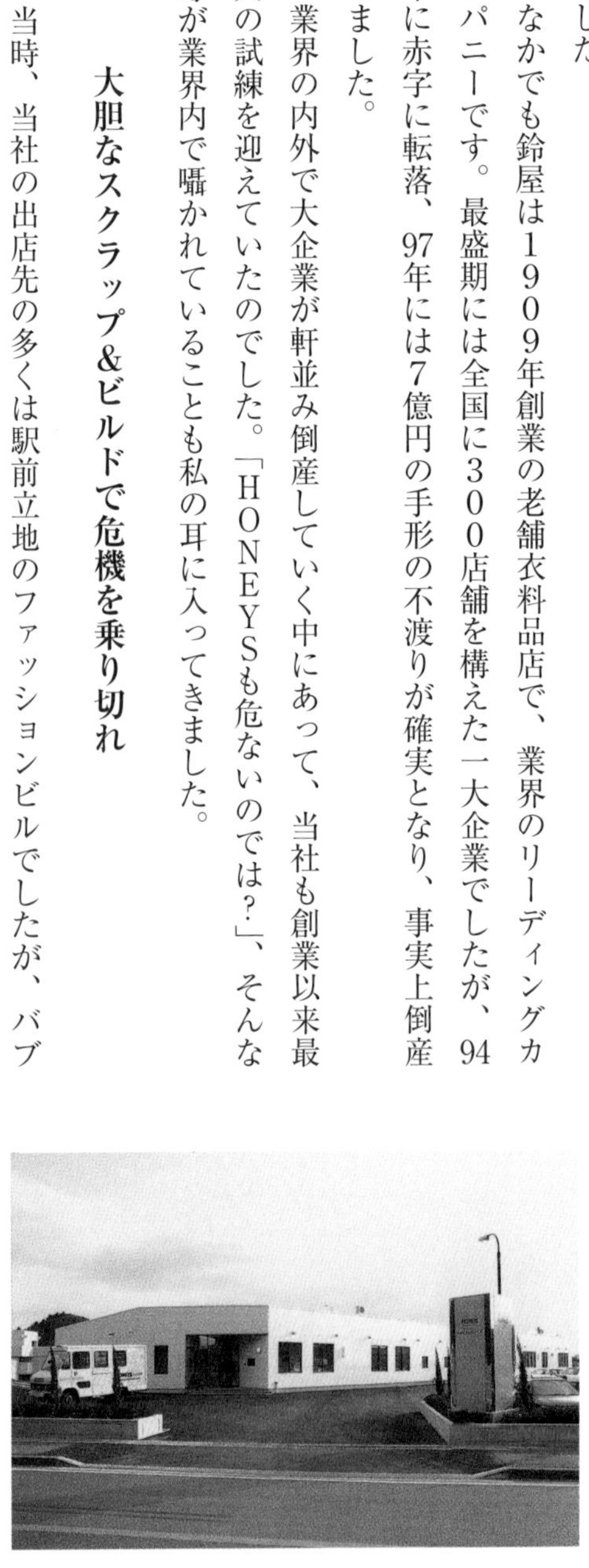

１９９１年当時の本社

ル崩壊以降、そのような市街地店舗を中心に売上が伸び悩んでいました。東北でも調子がいいのはエスパル仙台という駅ビルぐらいで、北海道も東北も思うように売上が上がらず、その売上のほとんどは賃料に消えていきました。

特に地方都市では車社会が浸透してきた影響もあって深刻な伸び悩みを見せていたため、店舗を郊外店に移すことを決意。

110店舗あった地方都市の市街地店舗の大半を閉店し、新たに郊外のショッピングモールに120店舗を出店するという大鉈（おおなた）を振るうことになりましたが、結果的にはこの大胆ともいえるスクラップ&ビルドがあったからこそ、バブル崩壊後の景気の低迷期を生き残ることができたのだと思っています。

店舗を一つスクラップするというのも言葉にすれば簡単ですが、実際には大変な労力を要します。金融機関から融資を受けている立場でもあり、資金もなく当時は本当に苦労しましたが、私にはそれをやるべきだという直感がありました。当時の幹部スタッフ、特に経理責任者とは連日話し合いを重ね、幾度となくスクラップ&ビルドの方針を金融機関に説明してもらいました。

都会に住み、電車やタクシーで移動する人たちには理解しにくいことかもしれませんが、地方に住んでいると車がなければ生活できません。どこに行くにも、とにかく車。そのためには駐車場が必要です。遠くの有料駐車場に車を置いて街の中に買い物に行く消費者はいません。これからは、無料で多くの駐車スペースを抱える、ロードサイドや郊外の大規模ショッピングセンターという立地に商売の基点が移っていく、そう確信したのでした。

そうした郊外のショッピングセンターの利用客は、平日の日中は主婦層で、週末は家族連れです。従来に比べてより幅広い年齢層に対応するため、主流の中高生向けの商品に加え、20~40代向けアイテムの拡充にも取り組みました。

この時商品ブランドを再編成し、大人の女性のためのおしゃれ着ブランド「GLACIER（グラシア）」、ノンエイジブランド「CINEMA CLUB（シネマクラブ）」、ヤングカジュアルブランド「C・O・L・Z・A（コルザ）」の3ブランド体制としたのです。

1998年新社屋が完成

第3章

海外展開でのトライ&エラー

業績は右肩上がりの2桁成長を続けてきたSCの申し子

HONEYS経営のわかれ道⑤　生産拠点を移してコストダウンを図れ！

2001年、粗利率改善のため、本格的に中国生産へシフト

出店戦略を見直し、再度拡大路線に乗っていたHONEYSでしたが、国産品を使用して国内工場で縫製する生産体制を採用していたことから、粗利率40％台前半に対し、販管費は約40％。出店数の拡大によって売上高が右肩上がりとなる一方で、利益率としては伸び悩んでいました。そこでHONEYSでは、1996年頃から海外生産の可能性を求め、商社を経由し、中国での委託生産を開始しました。

ところが当時の中国の生産現場はいまだ黎明期にあり、技術的にも十分ではないと言わざるを得ないレベルでした。

「下請け企業への丸投げも見られたり、納期の遅れや粗悪品が頻発したりするなど、商品の品質もなかなか安定せずに苦労しました」（大内）

以来、大内をはじめとして、当社の品質管理部門の担当者が何度も現地に

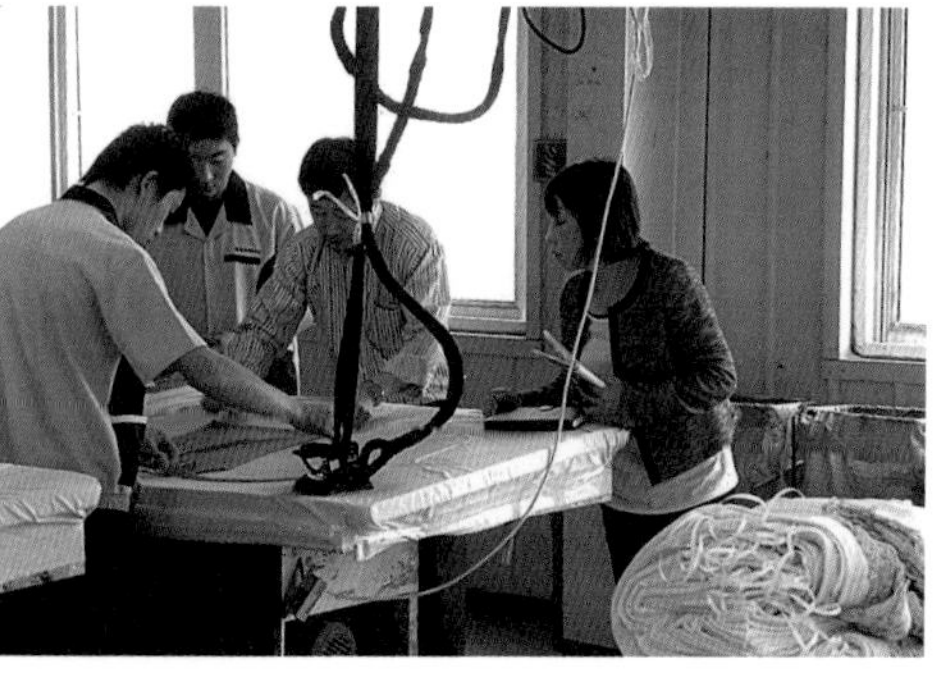

2008年青島での工場視察

足を運び、「これはダメ！　全部やり直し！」と厳しく指導、品質向上に努めました。少しずつ実態を確認しながら委託先の工場を精査・指導していった結果、要求レベルの品質を出せない委託先は淘汰され、改善に熱心な工場は技術力を伸長させていきました。強いリーダーシップで当社商品の品質向上に寄与した大内が、現地の人々から「鬼」と恐れられていたことは今となっては笑い話です。

ところで、同時期に躍進を遂げていたアパレル大手にユニクロがあります。ユニクロは98年、首都圏初の都心型店舗・ユニクロ原宿店を出店し、一世を風靡（ふうび）します。そのものづくりの基本は「低価格、シンプル、着心地の良さ」。発売したフリースジャケットが爆発的ヒットとなりましたが、その製造を担っていたのもまた、中国でした。

中国の生産技術が次第に向上しつつあった2000年代、アパレル業界においては生産拠点の中国シフトが加速していきました。その理由の一つに、90年代後半から競うように日本の生地メーカーが中国進出を果たしていったことが挙げられます。

図表・6　ファストファッションブランドのポジショニングマップ

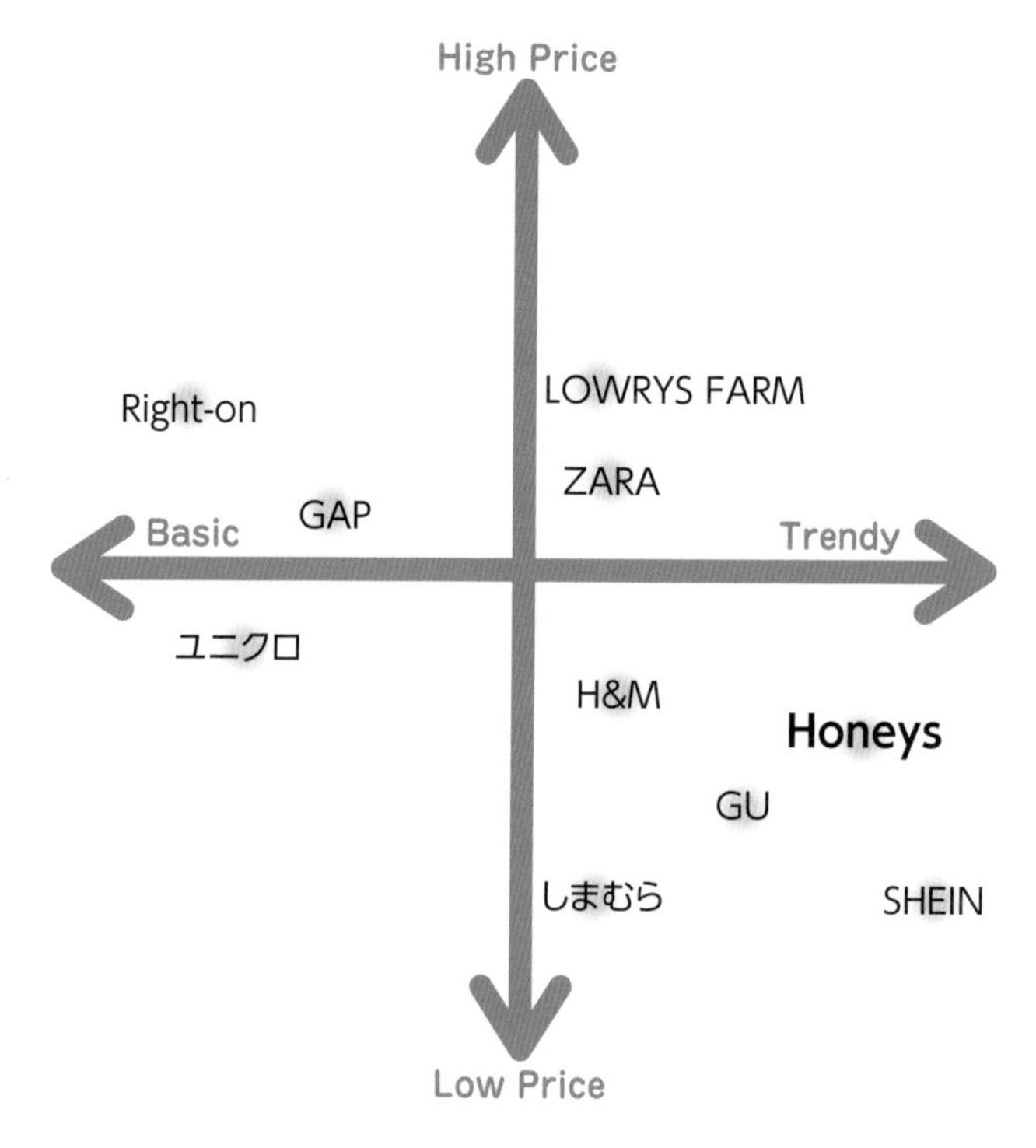

ダイヤモンド・ビジネス企画調べ

海外で生産した生地を輸入し、日本で縫製するのは合理的ではありません。また、アパレルメーカーを交えて委託先の工場担当者とやりとりする中で、工場側と直接話をする機会が増え、間に国内メーカーを挟むメリットが見出しづらくなっていたことも事実でした。間に入る人間が増えると管理も指導もしづらくなります。人を介して相手に依頼すると温度感も変わり、掛かる時間に対して伝わる内容は半分以下だと感じました。そこで、商社の情報収集力を活用して、中国での生産委託工場を探し当て、それらの工場との直接取引に踏み切りました。無謀だと言われたこともありましたが、私の中ではそれしかなかった。ハニークラブ以外の国内での委託先には丁寧に事情を説明して生産委託を終了し、すべて中国生産に切り替えたのは、01年のことでした。

「中国の委託先工場は何社も回って歩きましたが、00年代初頭の中国はまだ発展途上の感が強く、私が視察に立ち寄ってもトイレにドアがないからトイレは我慢してくださいと言われたり、窓ガラスがない工場でガウンを着ながら縫製をしていた工場があったりと、まだまだこれからといった状況でした」（大内）

少しずつ現状を理解しながら、並行して就業環境を整えていくという段階を踏んでいく必要があることを痛感したのです。この時の中国での経験、工場長や経営者としての考え方、縫製工場の運営ノウハウは、のちにミャンマー工場を設立する際の礎となったといえるでしょう。

小売りから始めたHONEYSでしたが、商品へのこだわりによってものづくりの川上まで遡（さかのぼ）り、最終的に縫製工場まで行き着きました。縫製工場と直接取引するようになれば製造原価もわかります。次第に小売事業が拡大し、発注単位を数万枚に引き上げて安定した発注ができるようになると、原価も安くなり、どこの商社よりも安く仕入れることができるようになりました。「商社を入れずに直接取引する会社」として少し業界で話題になったこともありました。

中国シフトで得た資金で物流センターを整備

生産拠点を全面的に中国に切り替えたことで、それまで2980円で販売していた商品を1980円で販売できるようになりました。これによって売上高は一時的に減少したものの、来店客数や販売点数が増加し、粗利率は逆

2004年新社屋完成

に45%から55%にまで伸長しました。2001年から始めて03年には20億円ほどの利益を見込めるところまで成長してきたところで、改めて株式上場が視野に入ってきました。

株式上場に関しては創業当初から強く意識していたわけではなく、特にバブル崩壊を経た90年代前半頃には一旦見送りとしていました。しかし、この中国シフトの成功により風向きが変わり、当社の業績が堅調に伸びてきた中で01年頃から再度準備に取り掛かりました。

03年12月に日本証券業協会店頭市場に登録（04年にジャスダック市場に変更）、それからわずか1年半後の05年4月には東証一部（現・プライム市場）への上場を果たすことができました。株式上場は一つの区切りとなると同時に、当時の業績好調の要因となった中国シフトと販売価格の引き下げに思いを寄せ、消費者がいかに「手頃で、いい商品」を求めているかを思い知らされた瞬間でもありました。

04年5月期に売上高216億円、前年比39・6%の増収と営業利益45・1%の増益を達成した当社。自社企画製品の構成比も62・4%となって6・

2005年4月東証1部上場

9％向上し、100店舗の新規出店も成功させて、総店舗数283店舗を実現しました。この年の1月には、内部留保とジャスダック上場で得た資金により、いわき物流センターが動き出しました。

東京の会社が保有していたいわき市内の土地を買い取り、9万5000平方メートルの敷地に設置した、最大1200店舗に対応可能なキャパシティーを有する大型物流センターは04年1月から稼働を開始。POSレジを刷新して店舗・本部間の情報システムを整備することと合わせて物流業務の効率化を図りました。

また、当初は中国から届いた商品はすべていわき物流センター経由で全国の各店舗に配送していましたが、効率化を突き詰めた結果、中国の青島や上海の倉庫業者と提携して、日本国内の各店舗別のアソートパッケージを組んだ状態で輸出してもらい、日本で陸揚げされると同時に各港からそれぞれの店舗に直送する仕組みを整えていきました。

人員も店舗数も拡大していく中、自社企画製品の短納期化と合わせて、製造現場の整備など商品供給のレベルアップのための取り組みも強化していきました。

HONEYSの現在のものづくりの基礎はこの頃に整えられたといえるでしょう。まず、「感度のいい商品企画」を開発するための手法として、提携している情報会社のさまざまな情報誌と販売実績をブランド担当者が照合しながら商品企画を考えます。次に、ブランドごとにデザイナーが絵型を描き、パタンナーがサイズ、スペックを入れてパターンを制作。生地もすべて事前に取り寄せ、生地メーカーから上がってくる品質検査の結果を参照しながら、自社内でも独自のチェックを実施。条件をクリアした生地のみ着分を取り寄せサンプル制作に移ります。

定番商品ばかりにならないよう、HONEYSらしさが表現できる、無地と柄物の比率、トレンドカラーの動向、投入時期などを吟味しながら商品企画を考えていきます。

色味一つとっても奥深く、トレンドカラーそのものを打ち出すのではなく、多くの人に受け入れていただきやすい色にすべく、敢えて色を沈ませるなど、必ずＨＯＮＥＹＳらしいアレンジを加えていきます。企画会議には各ブランド担当だけでなく、パタンナー、仕様書作成担当、ＣＧ担当、ＥＣ担当、販促スタッフなどが各２人ずつローテーションで参加し、多くのお客様が共感できる商品の実現を図っています。

価格を抑えるために品質を犠牲にすることのないよう、協力工場と寄り添って、彼らが作業しやすい工程を並走して考えていけることも当社の強みです。生地メーカーや協力工場から届く色確認・サンプル確認なども必ず２日以内に返事をしてリードタイムの短縮に繋げるとともに、工場側の負担軽減にも配慮しています。「ＨＯＮＥＹＳは確認の返事が早く、生産スケジュールが組みやすくて助かっている」というお話をいただけるのも、このスピード感が徹底されているためだと自負しています。

また、00年頃までは空輸していたアパレルパターン（型紙）も、アパレルＣＡＤが登場したことによりデータ転送で済ませることができるようになりました。１型当たり36通りの裁断データならびにサイズごとのグレーディング（標準パターンを基に拡大縮小して型紙を作ること）、生地の縮率（生地を洗濯したときに生地が縮む割合）別のグレーディングも、アパレルＣＡＤ

を導入したことで、さらに効率化を図ることができました。

工場においては同じデザインを長く作り続けることによって習熟度が上がり生産効率が向上することにも着目し、ライン管理にも気を使います。1日当たり500～600枚製造できる工場ラインでも、新しい型の生産には、1日当たり100枚程度まで生産効率が落ち込むことがあることもわかりました。新規生産の場合、平均的に5日ほどは生産効率が落ち込み、15日以上生産すると利益率が向上することが判明したため、1品番当たり30日以上生産することを基本方針としてラインコントロールを密に行うことで、生産効率の向上と品質の担保に繋げてきました。

また、機材についても縫製子会社のハニークラブと同様の設備を導入したことで1ミリも違わぬ正確な裁断が可能になり、製造品質も向上していきました。ASEAN諸国などの縫製工場では当時、手動裁断も当たり前でしたが、後に設立することになるミャンマー工場などは当初から自動裁断機を導入し、高品質を実現するために腐心してきました。

これらの取り組みによって生産効率は劇的に改善し、企画から販売までのサイクルを最短60日にすることができたのでした。

上海に現地法人を設立し、中国1号店を出店！

少し時を遡って2001年、中国がＷＴＯ（世界貿易機関：World Trade Organization）に加盟し、06年には中国で流通業における出資規制が解除されたことで100％独立資本での進出が可能になりました。当時、合弁会社で問題を抱えていた企業が多く存在したため、100％独立資本での進出が可能になったことは大きな転機となりました。

また、03年頃からはＳＡＲＳ（重症急性呼吸器症候群　severe acute respiratory syndrome の略）の影響により、それまで中国現地の協力工場で行っていた商談を日本本社での開催に変更。委託先工場の担当者が来日するようになり、彼らとの会話から、中国市場の実情と中国国内での消費意欲の高まりを感じていました。「こういう品ぞろえだったら中国でも人気になりますよ」と来日するたびに担当者が言っていたことをよく覚えています。

当時の中国には、高度経済成長期の日本に似た機運があり、生産の約7割がすでに中国生産に切り替わっていた当時、現地での販売を考えたのは自然な流れでした。

06年4月、上海市に中国現地法人となる好麗姿（上海）服飾商貿有限公司を設立し、上海市浦東の大型ショッピングモール・正大広場に、実質的な中国1号店となる、80坪ほどの売り場面積を有する店舗を出店しました。

現地法人のスタッフはローカライズが重要だと考えていたため、国内の取引金融機関から現地の事情に詳しい方を紹介していただいて現地法人の代表に据えた以外、店舗スタッフはすべて現地で採用しました。

現地法人の中心メンバーは東北大学や福島大学の大学院への留学経験を持つ若い社員に託し、日本からはオペレーションマネージャークラスの従業員を派遣して店舗運営面での教育や指導を並行して進めながら中国国内での店舗展開を進めていきました。

当時、中国市場は急速に立ち上がってきており、中国の消費者には日系ファッションブランドに対する強い憧れが見受けられました。当社のような品ぞろえは新鮮に感じたのでしょう。

商品企画については中国市場に合わせたものではありませんでしたが、まだそれほど感度の良い商品が自国で流通していなかった当時の中国人にとって、日本のヤングカジュアルファッションは目新しく映ったに違いありません。上海市での1号店の出店から約6年間にわたって既存店の伸び率は毎年2桁アップとなり、自社企画商品もよく売れました。

日本でいう百貨店スタイルの商業集積ビルが各地に造られ始めていたという時代背景の中で、現地法人においても中国全土から出店要請を受ける機会が増えていきました。上海の店舗を見に来た現地のデベロッパーの担当者がその熱狂ぶりを高く評価し、「うちにも店舗を出してほしい」という引き合いが増加しました。北京市、南京市、重慶市、成都市と店舗を順次拡大。1年で20店舗、2年目には40店舗、3年で100店舗の出店を実現していったのでした。

チャイナプラスワン

2000年代は、中国国内の百貨店への相次ぐ出店で大きな利益を出すことに成功していました。

2010年代に入り13年には中国国内で500店舗を突破し、最大646店舗（FC含む）まで出店しました。しかし、中国においても時代は大きな

上海正大広場店

変革の時を迎えていました。

まず郊外型のショッピングセンターが台頭したことによって従来の主要な出店先だった百貨店業態でのビジネスが難しくなりつつありました。加えて、当初は若者に新鮮に映っていた日本のファッションも類似品の登場や中国国内で勃興してきたＥＣサイトの登場など、環境の変化によって少しずつ勢いを失っていきました。

一方で、08年の北京オリンピック開催を契機に街並みの整備が急速に進んでいきました。旧来の街並みが立ち並んでいた郊外の街もオリンピック後にはきらびやかな高層マンションが取って代わり、砂利道は片側5車線の舗装道路に、高速道路や空港も整備され、訪中するたびに目にする風景が変わっていく。中国は驚異的なスピードで成長を遂げていきました。

06年頃から中国のＧＤＰは急激な成長を見せ、10年には日本を抜いて世界第2位に躍り出ました。それはすなわち、経済成長に応じて人件費も上がっていったということに他なりません。

このままだと中国での生産は採算が合わなくなってしまうのではないか。現地からそんな報告が耳に入るようになっていました。いずれ中国を離れな

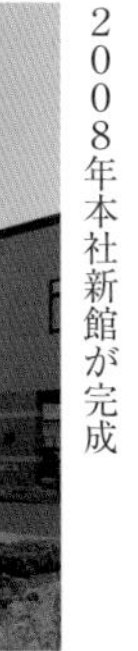
2008年本社新館が完成

ければならない日が来る。そのことを強く感じていたのです。

くるくると移り行く時代の中で、「お客様がお求めやすい価格で良い商品を作る」ということがいかに容易ではないかを折に触れて思い知らされました。

時代のダイナミックな変遷、すなわち、車社会になり、町の中心部ではシャッター商店街が増えたことを受けて郊外のショッピングセンターに店舗を移したこと、そして、日本でのものづくりが限界を迎えたことを受けて生産拠点を中国に移したこと。今度は中国シフトに変わる次の一手、チャイナプラスワンを考えるべき時が迫っていることを強く感じました。

価値あるものをリーズナブルプライスで売り続けるためには、ＡＳＥＡＮで1万枚以上のロットを発注するしかありません。ＡＳＥＡＮ諸国の中で最も注目していたのは、ミャンマーです。政情不安も囁かれていた中ではありましたが、大手邦銀の現地所長を含めさまざまな情報を基に、今後最も効率的なものづくりができるのはミャンマーに違いないと確信。ミャンマー工場の設立を最終的に決意したのは10年のことでした。江尻英介社長（当時・取締役執行役員）がミャンマー・ヤンゴンを訪れ、工場物件の売買契約にサインしたのは、それから1年後の11年3月10日。奇しくもそれは、東日本大震災が発生する、僅か1日前のことでした。

ミャンマー工場契約の翌日に起こった東日本大震災

HONEYS 経営のわかれ道⑥
契約するか、破棄するか？　命運をわけたミャンマー工場との契約

東日本大震災発生

２０１１年３月11日（金）午後２時46分、国内観測史上最大規模となる大型地震が東北地方を襲いました。震源地は三陸沖、宮城県牡鹿半島の東南東約１３０km、深さ24kmの地点でマグニチュードは９・０を記録。東北地方太平洋沖地震、後に東日本大震災「通称、３・11」と呼ばれることになるこの激甚災害により、犠牲者１万５９００人、行方不明者約２５００人、全壊家屋約13万棟という歴史的な被害が発生しました。

その日、いわき市内で所用を済ませていた私は、突如これまで経験したことのない大きな揺れを感じ、急いで本社へと引き返しました。

本社に戻ってみると、天井が落下し、ガラス製のパーテーションが砕けるといった被害の他、水道が止まり、物流もストップしていることがわかりました。幸い本社の執務エリアでは大内が机の下に隠れるよう従業員に指示し

たことで、けが人を出さずに済んでいました。

午後3時30分、従業員全員に帰宅を指示。午後5時からは被害状況の確認に移りました。本社といわき物流センターについては致命的な損害を免れていたことを確認し、翌3月12日（土）には本社で瓦礫（がれき）の撤去作業など復旧作業に取り掛かりました。並行して、被災エリアの従業員全員の安否確認ならびに店舗の被害状況についての聞き取り調査も始めました。

明けて翌週、3月14日（月）には臨時取締役会を開催。本社といわき物流センターの社員には自宅待機を指示し、以降本社機能は、連絡要員を残して東京・千駄ヶ谷にある東京事務所に一時的に移転することを決定しました。東京事務所から、店舗情報システム（ＩＳ）を通じて、全社員に対し本社含め震災エリアでの被災状況を報告し、改めて一致団結してこの難局を乗り切っていくことを宣言しました。

当時のいわき市では、停電にこそならなかったものの、広範なエリアで発生した断水と福島第一原発の事故の影響により飲み水もない、ガソリンもない、生活物資も手に入らない、という状況に陥りました。

本社で真っ先に直面したのはトイレの水問題でした。実は水洗トイレは4

〜5ℓほどの大量の水を便槽に流し込めば水の重みで下水へ流すことができます。そこで、本社前に設置されていた噴水のある庭池の水やいわき物流センターにあった庭池の水をバケツに汲んでトイレの前に用意し、用を足したらその水を使って下水に流し込むよう指示しました。間もなく給水車による給水作業が開始されましたが、いわき市内の断水が全面的に解除されたのはそれから約1カ月後のこと。水にはずいぶん苦労しました。

一方で、国内の取引先のみならず中国や韓国の協力工場の皆さんからも数多くの励ましと支援物資を本社宛てに送っていただき、多くの従業員の糧として分配しました。併せて、地域の幼稚園や障がい者支援施設などにも支援物資として提供し、大変に喜んでもらいました。文字通り、人の情に救われた気持ちでした。

続いて、中国から大量に届く商品をどう処理するかという問題に着手。配送業者は福島県内にはドライバーを入れられないと言ってきていました。

そこで中国の協力工場には、いわき物流センターの在庫分として輸送される予定の商品を全国の店舗へ直送分として割り振るようアソートの組み直しを依頼。すでに協力工場を出て日本に向かっていたコンテナ船の商品については、横浜・大黒ふ頭の倉庫を借り上げ、一時的に商品を保管できる体制を整えました。

また、当社における3月は年間で最も売上の大きい月であり、いわき物流センターは春物の商品在庫で溢れていました。約２００万着、30億円分の数量です。春物は4月中に売り切らなければそのまま在庫となってしまいます。北海道や西日本など被災を免れて通常営業をしている店舗に商品の追加補充ができなくなれば、販売機会を大きく損失することにもなってしまうのです。

ようやく3月22日に、配送業者の業務が再開され、併せて、いわき物流センターに設備機械メーカーの担当者が点検と修理に来てくれることとなりました。また、生活物資が十分に手に入らない中で、お弁当を販売してくれる業者の情報を得て、本社やいわき物流センターに出社してくる人数分を配達してもらうよう手配しました。

いわき市内では、生活物資にかかる物流網が震災以降2週間ほど完全にストップしていた影響で、コンビニからもスーパーからも生活物資がなくな

非常用の水資源となった噴水も今では憩いの場に戻った

り、ガソリンも手に入れられない中で身動きが取れなくなっていた従業員が多数いました。そこで、会社として通勤用の送迎バスを手配して出社可能との連絡をくれた約60人の従業員をピックアップ、物流機能の再開にこぎつけたのです。3月23日には配送業者に荷物の集荷を依頼し、いわき物流センターからの出荷を無事再開することができたのでした。

いわき市では津波で多くの家屋が流出し、数多くの住民が犠牲となった中、当社従業員の中では1人の犠牲も出なかったことは、本当に不幸中の幸いといえました。

しかし、店舗の被害状況としては、被災エリアとなった岩手、宮城、福島、茨城などの各県で、総出店数の約10%に当たる店舗が一時休業となりました。実際に店舗に足を運んでみると、内装や什器が破損していた他、スプリンクラーの誤作動によって店舗中が水浸しとなってしまい商品の大量廃棄が必要となる店舗があるなど、混乱を極める状況だったのです。

東京都を含む首都圏では計画停電が実施され、節電を強いられたショッピングセンター内はひどく薄暗く、外出やエンタメを謳(うた)う多くのCMが差し替えられて自粛ムードが漂う中、お出掛け着を選ぶような雰囲気はまったく感じられませんでした。

——一体どうなってしまうのだろう。

そんな不安が、脳裏をよぎりました。

苦しめられた風評という名の見えざる敵

津波による被害の他に日本中を震撼させたのが、東京電力福島第一原子力発電所で発生した水素爆発でした。

原子炉の損傷ならびに放射性物質の拡散による生命の危機を回避するため、国は原発事故直後となる午後7時3分、原子力緊急事態宣言を発令しました。3月15日午前11時までに、警戒区域、計画的避難区域、緊急時避難準備区域を設定。最終的に、福島第一原発から20㎞圏内が警戒区域に設定され、域内への立ち入りが禁止されました。

福島第一原発は大熊町と双葉町にまたがる場所にあり、HONEYSの本社や物流センターがあるいわき市からは約50㎞離れています。当初から避難対象地域からは外れていましたが、災害後の混乱のさなかにあって、「福島県といえば放射能汚染」という偏見が植え付けられてしまっていました。

いわき市内約34万人のうち、多くの市民は県外へと避難。当社の中でも市内の社員寮に住んでいた県外出身の社員たちはそれぞれの家族から帰郷するよう強く説得されていました。東京事務所への転勤が可能であるなら、と思い留まった社員もいましたが、残念ながらそのまま退職した社員もいたのです。

また、２０１１年4月に本社に入社する予定だった新卒の社員たちにはひとまず各自の地元の店舗に出勤してもらうなどのイレギュラー対応をしたほか、家族からの反対を受けて入社を辞退する内定者への対応などに追われました。

不安になったのはもちろん社員やその関係者だけではありません。物流拠点が福島県いわき市にあるということで、「福島から届く商品は大丈夫なのか」、「放射能に汚染されている可能性はないのか」といった問い合わせもいただくこととなりました。「頑張って」という温かい励ましの声をいただく一方、そういった懸念の声が数多く寄せられたことも事実だったのです。

契約履行かそれとも破棄か。迫られた究極の2択

3月10日にミャンマーでの契約を終えた英介社長（当時・取締役執行役員）が、東日本大震災の発生を知ったのは、タイの空港で乗り継ぎ便の手配をしていた時のことでした。予定されていた便は飛ばず、深夜12時頃の便でようやく日本に帰国することができたといいます。

「無事帰国できたところまでは良かったのですが、当時公共交通機関は機能しておらず、成田からいわきに戻る手段がありませんでした。そこで、千葉県内のレンタカー会社に連絡し、タクシーで移動してレンタカーをピックアップ。レンタカーで山道を抜けながら10時間ほどかけて何とかいわき市内に戻ってくることができました」（英介社長）

停電中の地域を走り抜ける際に見た、光のない真っ暗な街並みをよく覚えている、と英介社長は言います。

無事に英介社長と合流を果たした私たちが次に考える必要があったのは、ミャンマー工場の購入契約をこのまま履行するか否かという大きな決断でした。

当時世界的に報道されていた東日本大震災の被災状況を知ったミャンマー工場の所有者からは、当社の事情を鑑み、「契約延期、または契約破棄もやむを得ないので判断してほしい」と打診をいただきました。そのままミャンマー工場を諦めることは当然の選択肢といえたでしょう。

振込期限は2011年3月末日。

履行か破棄か。私の答えは一つでした。中国における潮目が変わってきたことを痛感し、生産拠点をシフトするこの流れに乗らなければいけないという確信があったのです。

高感度な商品をリーズナブルプライスで提供する。

これに応える形でASEAN行きを決めたのです。これは当社が必ずやらねばならないこと。たとえ震災があったとしても、この機を逃してはならない——、そう思いました。

私は契約通り、工場購入代金の送金を指示。ミャンマー工場との契約を予定通り履行すると聞いた社員たちは青ざめたことでしょう。

大小さまざまな余震が続く中、断水もいまだ復旧せず、今後の見通しは何も立っていない状況下で無理もありませんでした。それでも私は、数カ月たてば次第に状況は落ち着くと考えていました。これを逃したらＡＳＥＡＮシフトのチャンスが終わってしまう、そちらのほうが危険だと私の直感が言っていたのです。

「契約破棄した場合、ミャンマーの物件は別の買い手がついたことでしょう。そうすればＡＳＥＡＮにおける生産拠点の立ち上げが随分遅れることになったのは間違いありません。あるいは、拠点そのものが潰(つい)えた可能性もあったでしょう」（英介社長）

社員は元よりミャンマー工場の所有者として工場の売却にサインしたオーナーも、さぞ驚かれたことでしょう。こうして、波瀾(はらん)万丈の幕開けながら、当社のチャイナプラスワンの挑戦が始まったのです。

民政移管後、日本勢初のミャンマー進出企業へ

ミャンマー進出を果たした外資系企業としては、当社が民政移管後の第1号案件でした。したがって、当社としても、契約にあたって日本側とミャンマー側の法律を確認しながらその後の事務処理を進めていく必要がありました。

契約履行となった後に操業許可を取得する必要があった私たちは、外務省

からＨＯＮＥＹＳが実態のある日本企業であることを証明してもらう必要がありました。

実態がないと申請ができませんでしたが、許可がないと実態が生まれないというジレンマの中、当社としては先に工場を取得し、ミャンマー政府に許可を申請することにしたのです。さまざまな事項の確認と並走しながら操業準備をしていく作業は想像以上に大変なものでしたが、何とか工場の操業にこぎつけることができました。

２０１２年秋、ミャンマー第一工場の操業を開始。建物もミシンもすべて当社の所有となる、１００％子会社・ハニーズガーメント（Honeys Garment Industry Limited）を設立しました。第一工場はヤンゴン管区ミンガラドンタウンシップに所在し、総敷地面積８１３８平方メートル（２４６１坪）、延べ床面積５２５６平方メートル（１５９０坪）の大規模工場となりました。また、15年に日系工業団地内で操業を開始した第二工場は総敷地面積２万９９５０平方メートル（９０６０坪）、延べ床面積１万５３４８平方メートル（４６４２坪）を誇り、23年10月に完成予定の第三工場とともに、ミャンマー現地法人は当

ミャンマー工場での視察

社の主要生産拠点として成長してきました。

しかし、進出当時のミャンマーはまだ縫製技術が十分でなく、複雑な加工や素材となる生地は依然として中国に依存していました。日本とミャンマー間のコンテナ輸送に3週間ほどの期間が必要となるため、当初は流行ものをクイックに生産するのは中国の協力工場に、定番カジュアルをリーズナブルに生産するのはミャンマー工場に、という棲み分けで生産するしかありませんでした。

布帛と呼ばれるテーラードジャケットやダウンコートなどの織物製品は、工程が複雑で手間が掛かります。本来はそのような商品をミャンマーで生産しなければＡＳＥＡＮ進出を決めたメリットが減ってしまうのですが、縫製技術がまだ十分でなく、当社で現地の縫製スタッフにゼロからすべて教え込むしかありませんでした。

手慣らしとして、比較的縫製が簡単な綿素材のパンツ、デニムパンツやスカートから縫製をスタートさせましたが、それでも当初は糸が切れてしまうといったトラブルが頻発。品質が安定せず苦労しました。不良品率は1割に

も上り、まったく採算が合いません。そこで、縫製子会社ハニークラブの従業員を数週間単位で現地に指導に向かわせ、技術力向上のために試行錯誤を繰り返しました。

また、現場の声を吸い上げるためにアンケート箱を設置。ボトルネックは何なのか、どのようなことに苦慮しているのかについて話し合い、縫製スタッフと寄り添っていく姿勢を忘れませんでした。

2～3年ほど経過した頃にはラインリーダーなどの育成も進み、技術力も向上してきました。HONEYSで自社工場を持ち、技術者を擁していたからこそできたことだと自負しています。当初予定していたジャケットやコートを実際に生産できるようになったのは、15年にミャンマー第二工場を設立してからのことでした。

綿素材のパンツやデニムパンツ、スカートから始めて、ブラウスやジャケットの生産に移り、現在では大半の布帛製品をミャンマーで生産し、どこにも負けない素晴らしい品質を誇っています。輸送に時間の掛かるミャンマーでも、企画力で流行の先読みをうまく行うことで流行品も生産できるようになっていきました。

ミャンマー第2工場

ミャンマー第一工場の操業を開始した頃、バングラデシュやインドネシアでの委託生産も同時にスタートさせました。バングラデシュも主要な生産拠点として、主にニット製品などの生産を行っています。ニット製品はほとんど自動編み機を使った生産となりますが、一部リンキングという伸縮性のある編地同士を編み合わせる作業は手縫いする必要があります。このような工程も中国ではなく、ＡＳＥＡＮ諸国やバングラデシュでの生産に切り替えました。

また、生産拠点をミャンマーに移すことを伝えた中国での協力工場の中には、「ＨＯＮＥＹＳと一緒に行きます」とミャンマーでの工場設立を決め、現在でも心強いパートナーとなっている企業が数社存在しています。

中国での挑戦とは何だったのか

２０１３年頃から中国事業室で事業の立て直しを求められた北郷敦（現・いわき物流センター長）は、当時の様子を次のように振り返ります。

「中国が経済的に裕福になるにつれて、欧米や韓国で展開されているような華やかな色味と体にフィットするようなサイズ感が好まれるようになってきました。

それに伴い、日本らしい色味や個性を主張し過ぎないデザインがあまり受け入れられなくなってしまった印象があります。また、中国の百貨店では当時割引競争が激化しており、売っても、売っても、なかなか儲からないという状況が続いていました」（北郷）

こうした理由には、まず、中国の消費行動が大きく変わったことがあげられるでしょう。百貨店ではなくＳＣ（ショッピングセンター）に行くようになったのです。日本もある時期から百貨店が勢いをなくしていきました。それを見てきたので、中国でもいずれそうなるだろうと想像はしていたのですが、想像よりはるかに速いスピードでＳＣが伸び、百貨店は衰退していきました。

その結果、中国での売り上げは大きく減少。百貨店側も生き残りをかけて高級ブランド路線を選択するところが増え、私たちの商品は選ばれなくなっていきました。

当然、対抗策としてＳＣにもお店は出しました。しかし、ここで中国特有の問題が噴出しました。ＳＣ側がどんどん家賃を上げてくるのです。毎年毎

年、それも大変な高額でした。

同時に、販売員などの人件費も上昇していきます。こうなると、商品が売れても全然利益が出せません。

さらにそこに追い討ちをかけてきたのが、インターネット通販（ＥＣ）です。ＥＣサイトで洋服を買う若い人が増えてきたのです。

当時、「独身の日」と呼ばれる11月11日のインターネット商戦がものすごく盛り上がり始めたところでした。この日を狙って、中国国内のＥＣ各社が考えられないような低価格でキャンペーンを仕掛けてくるのです。

私たちアパレルの利益は、利幅の厚いジャケットやコートなど冬物がその中心となります。そうした冬物が売れ出すのが11月ころだったのですが、中国ではこの時期に「独身の日」がやってきてしまい、消費者の多くは「独身の日」で安く買っているので、その後は正価ではまず売れなくなりました。特に、ＨＯＮＥＹＳの主要顧客は20～30代前半だったので、多くがＥＣに流れていきました。

こうした状況では採算の取れない店舗から閉店していくしかありません。

果たして、この後、どうするべきかと考えていたときに、中国市場特有ともいえる在庫の減損リスクが顕在化してきたのです。

日本では、HONEYSの商品であれば、その品質から売れ残った商品も半値にすれば完売できます。しかし、中国では品質よりも価格が重視されるために、半額にしてもなかなか売れないのです。最終的には製造原価を大きく下回る廃棄同然の価格でしか売れませんでした。日本では製造原価以下でしか売れないなんてことは起こりません。

こうした在庫の減損処理は決算にも大きく響き、この在庫リスクがずっと消えないことも撤退の決め手になりました。

結局、年間15億円ほどの損失を出しながら約3年かけて中国国内のすべての店舗を閉店しました。これによって18年、中国の小売業からは完全撤退し、19年に中国現地法人である好麗姿（上海）服飾商貿有限公司を清算し、私たちの中国における挑戦は終わりました。

12年間の中国事業を振り返ると、通算すれば少しの赤字で済んでいると思います。中国に出たことに後悔はしていません。いい勉強になりました。

なお、ミャンマー工場が始動し、チャイナプラスワンが進んだ現在でも、生地や副資材は中国で調達して各国に運んでおり、生産拠点としての中国とはいまだ長い付き合いの中にあります。

第4章

受け継がれる経営のバトン

アパレル全滅のコロナ禍に叩き出した売上高

HONEYS経営のわかれ道⑦　閉館中の館内で商品入れ替え作業実施

ミャンマーでの安定生産で利益率が向上

ミャンマー工場は第二工場の操業以降品質が安定し、ここ数年で不良品の発生もずいぶん低下しました。ジャケットやワンピース、ブラウスなど難しい縫製もこなし、今やＨＯＮＥＹＳの基幹工場として素晴らしい品質の製品を生み出しています。

「毎週送られてくる生地見本に対し、色ムラなどを入念にチェック。良し悪しの基準を毎回丁寧に細かくフィードバックするようにしています。そのような知見を貯めていくことで、現地の判断基準がより安定するようになりました」（大内）

現在、ミャンマー第一工場・第二工場合わせて約４０００人の従業員が勤務しており、本社からは５人の担当者が現地に駐在しています。ラインリーダーも育って責任感も芽生え、現場からは「絶対に不良品は出さない」という意気込みを耳にするようになりました。
　コロナ禍以前は四半期に一度、大内がミャンマー現地法人を訪れ、縫製と品質面での指導に当たっていました。

「私が行くとキレイに工場内を整えてしまうので、普段の様子がなかなか見られません。それでも細かくチェックしていくと、さまざまな綻(ほころ)びを発見することがあります。どうしてこの部分が汚れているのか、なぜこのようなフローになっているのかを細かくヒアリング。私が滞在する1週間は現地の皆さんにとっては緊張の連続かもしれませんが、そうして定期的に視察に赴くことで品質が安定してきた部分があると考えています」（大内）
　２０２２年11月に着工したミャンマー第三工場が完成するのは、23年秋。これにより、協力工場も含めてミャンマーでの自社生産比率が50％に達する見込みです。
　現在、協力工場はミャンマー国内に留まらず、ベトナムやカンボジアといったＡＳＥＡＮ各国やバングラデシュでも生産を行っているため、パンデミックが発生した場合にも、生産拠点を適宜変更することでリスクヘッジができています。

縫製工場と直接取引できるメリットは他にもあります。例えば、ある生地を発注したものの、さまざまな要因で自社工場の稼働が想定を下回ることが予想された場合、協力工場にその生地の購入から縫製までを一括して依頼。各社の協力を得て他で縫製することもできます。また、ミャンマー製品の納期が遅れそうだと判断すれば、協力工場に依頼して生産調整をかけてもらったり、上海がパンデミックでロックダウンした際には、深圳(しんせん)の港からの輸出・出荷に変更してもらったりと、フレキシブルな対応が可能な関係が構築できています。

さらに、協力工場から「使用するプライスタグがコロナ禍の中国から輸入できずに困っている」と聞き、プライスタグ約60万着分をミャンマー自社工場で製作して各協力工場に配布したこともありました。協力工場と直接取引しているからこそ、さまざまなアクシデントが発生してもお互いに協力して対応し、その窮地を脱することができました。

21年2月、ミャンマーではクーデターが勃発。ミャンマー国軍は国内全土に非常事態宣言を発出し、国家の全権を掌握したことを表明しました。これは、アウン・サン・スー・チー国家顧問率いる政権が軍部の手によって転覆させられるというショッキングな出来事でした。

クーデター勃発によってミャンマーの自社工場でも混乱が起こるのではないかと危惧していましたが、実際には杞憂に終わりました。この工場を止めることで経済発展がストップすると懸念した現地ミャンマー人の従業員たちが一念発起し、不安定な状況の中にあっても仕事を休むことなく働いたことはもちろん、ゴールデンウイーク明けの5月、会社の前には求職者による長蛇の列ができました。4000人いた従業員は連休明けに4500人にまで増加していたほどでした。

コロナ禍でいち早くマスクの製造に着手

2020年1月下旬、大型クルーズ船の乗客への感染で日本中の耳目を集めた国内での新型コロナウイルス感染症は、その後急激に感染が拡大していきました。

ここから先の見えない長いコロナとの戦いの日々が幕を開けたのです。

ミャンマーで生産される重衣料

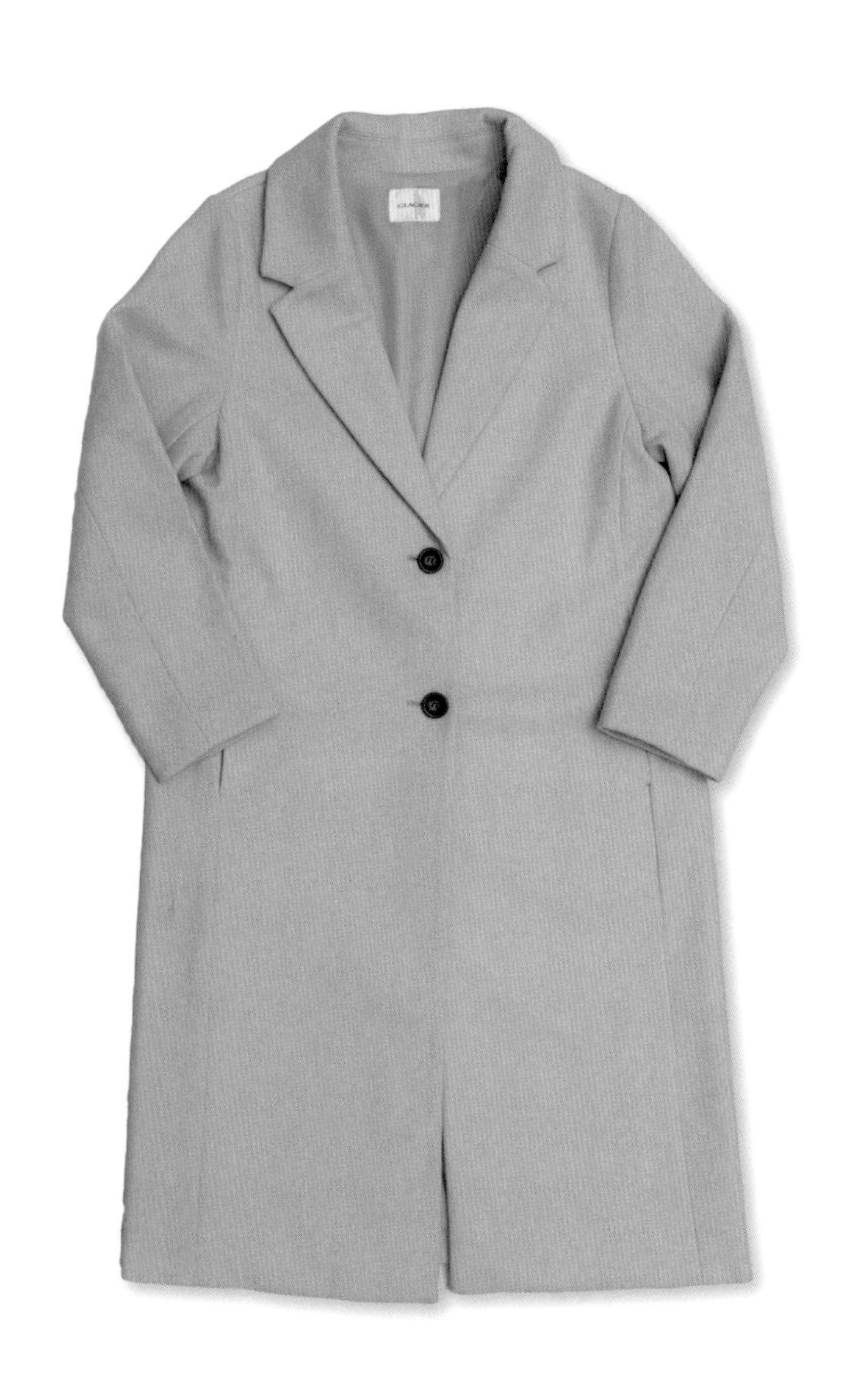

22年12月21日時点で国内の累計感染者数は2700万人を超え、死者数は約5万4000人に上り、誰もが経験したことのないパンデミックに世界中が動揺することになりました。

飲食店や大型商業施設等の営業規制や外出自粛が叫ばれた20年春、疫学的な混乱もさることながら、国民の日常生活に急激かつ劇的な変化が求められた結果、日本社会は経済的にも大きな打撃を受けることとなりました。密閉・密集・密接を避ける「三密」の推奨、外出時のマスクの着用、入店時の体温検査やアルコール消毒の実施、時差通勤、テレワーク、オンライン会議の推奨など、生活様式も著しい変化を遂げました。

当然HONEYSの店舗も約半数は一時的に休業を余儀なくされただけでなく、従業員の個々の背景や事情による考え方の違いまで浮き彫りにしていきました。

コロナ禍においてもなるべく出勤したいと考える従業員もいれば、リスクを避けて、休暇を取りたいと考える従業員もいる。正解のない中、休業を望む従業員は有休とし、出勤したい従業員には近隣の開店している店舗のフォローに回ってもらうなど、不公平感を出さないよう細心の注意を払いながら現場を調整していく必要がありました。

　一方で、店舗用の在庫として海外から直接店舗に入荷する商品もあり、休業中の店舗であったとしても定期的に商品の受け取りや整理が必要となります。そのため、週に一度は店舗に出勤して売り場を整理するようオペレーションマネージャー（ＯＭ）を中心にスケジュールを調整。店舗を再開できたときに販売機会を逃さないような体制を整えておくことも忘れませんでした。

　店舗については、ショッピングセンター自体が休業しているところについても、このような店舗内整理のために週に一度は館内に入らせてほしい旨をショッピングセンター側に伝え、了承を得るための交渉も並行して進めました。

　陳列棚の商品を整理し、新しい商品との入れ替えを行って売り場の準備を整えていたおかげで、6月に営業を再開すると、それぞれが館内一といえるほどの売上を確保することができたのでした。

　また、休業期間が4月から5月という繁忙期に掛かっていたこともあり、春夏の商品は昨年までのように売上が伸びないと予測。夏物の半袖商品の生産をストップし、同じ生地で秋物の長袖商品の企画に切り替えることを決断しました。企画からのスピードが速いことに加え、直接工場と取引しているアドバンテージを生かし、うまくラインコントロールできたことも大きな勝因となりました。

アパレル業界ではこのようなコロナ禍の影響を受けて、協力工場側に発注していた商品のキャンセルを打診する事例も少なくなかったと聞いていますが、ここでも当社は企画を変更するなどの対策をとることで、発注していた商品はすべて契約通り引き受け、一つもキャンセルを出さずに生産委託先との信頼関係を維持しました。

企画からのスピードの速さが奏功したのは、秋物商品への切り替えに留まりません。

世間でマスク不足が騒がれていた20年5月、当社では早々にマスクの製造に着手しました。呉服店を実家にもつ従業員から晒し布を仕入れ、縫製子会社ハニークラブ出身の従業員を中心にマスクを製造して従業員に配布しました。その後に、海外の委託先の協力を得て「ハニーズ 洗えるエコマスク」

安心の三層仕立て

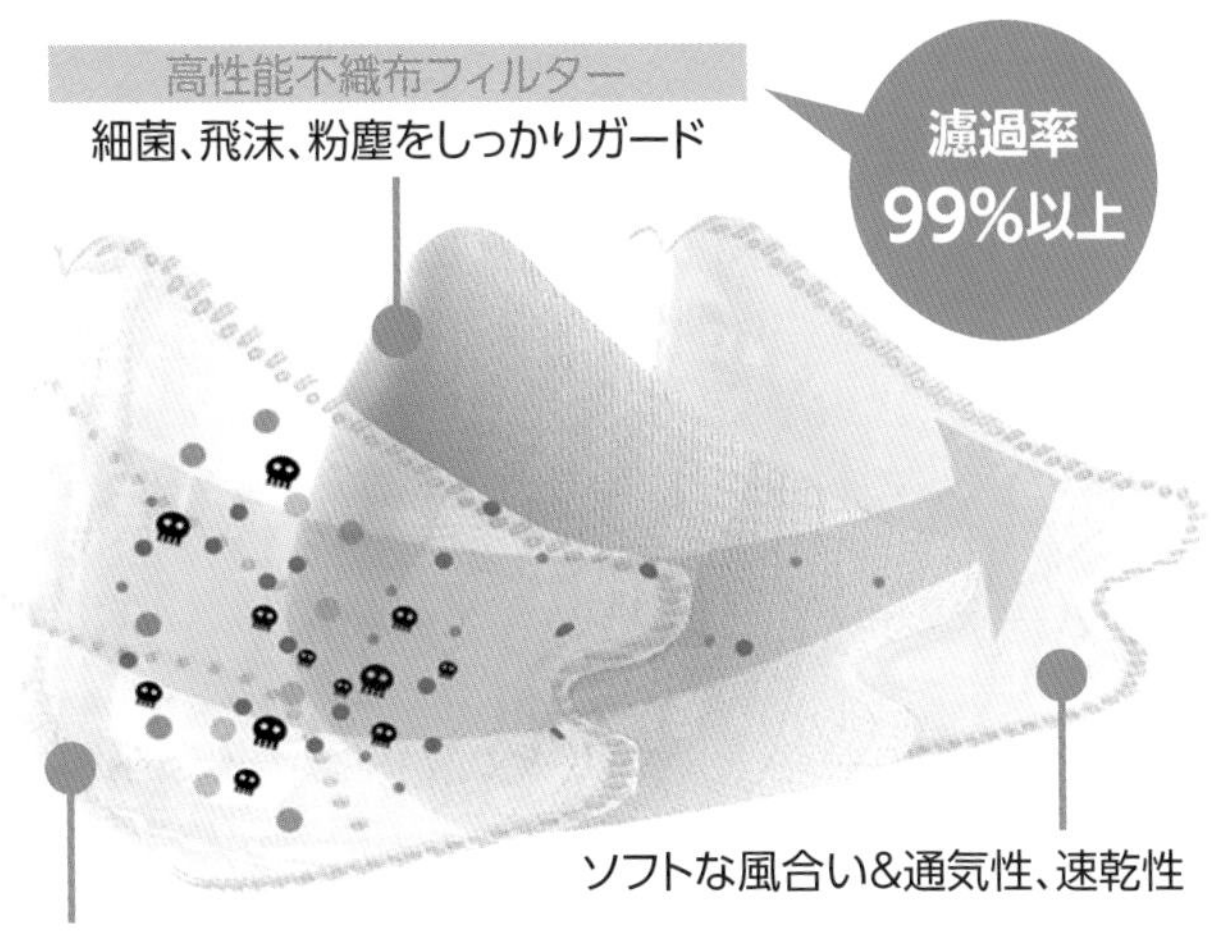

裏面は接触冷感加工のメッシュ生地で
クールな肌触り

ハニーズ　洗えるエコマスク

を企画し、販売を決定しました。

「ＨＯＮＥＹＳならではのマスクを作ろう」と皆で取り組み、生成りベージュのナチュラルな色味にリブ編みタイプというシンプルなデザインのものから、花柄のレースをあしらったデザインのものまでバリエーションも豊富に用意。さらに、夏を見越して、接触冷感素材のマスクも発売しました。

１層目が防塵と通気性に優れた素材、２層目に細菌・飛沫・粉塵を精密に防ぐ高機能不織布フィルターを搭載、肌に触れる3層目の素材には通気性と速乾性に優れたソフトな風合いのオーガニックコットンを１００％使用する3層構造を採用。立体的な構造にすることでマスクの中が蒸れにくく、かつ顔全体を覆えるゆったりとしたサイズ感の設計にもこだわりました。

価格は2枚セットで税込み５８０円。5月に発売を開始すると店舗は開店前に長蛇の列ができ、オンラインショップはアクセス過多で一時的にサーバーダウンが発生するなどお客様にご迷惑をおかけしてしまったこともありました。当社のマスクはインターネット上でも話題となり、20年5月下旬にはテレビのバラエティー番組で取り上げられたことでさらに話題となりました。マスクをきっかけに客層が大きく拡大することに繋がりました。当然ながら、全従業員にも1セットずつ「ハニーズ エコマスク」を配布。家庭でのマスク不足を補ってもらいました。

「コロナ前後で商品の売れ筋は大きな変化がありました。出勤機会が減ったことでブラウスをはじめとする通勤着などの販売数が伸び悩み、トレーナーやパーカーといった部屋着関連の商品が売れました。外に買い物に行かなくなった結果、オンラインで洋服を買うことの心理的なハードルが下がったことも大きな変化といえます。

コロナ禍以前には実物を見ずに洋服を買うことに抵抗があったとみられる50代以降の方々もオンラインショップから気軽にお買い求めいただけるようになり、客層の広がりを実感しました」（北郷）

一方、コロナ禍において売上面で影響が大きかったのは、大人の女性のためのおしゃれ着ブランドとして通勤着の関連商品を取りそろえている「GLACIER（グラシア）」でした。そこでベーシックアイテムを取りそろえる「CINEMA CLUB（シネマクラブ）」の販売比率を上げ、調整を図りました。

「通常のアパレルでは1店舗を一つのブランドで構成していることが一般的

ですが、当社ではさまざまな立地に店舗があるという出店先の事情を踏まえ、ＨＯＮＥＹＳという看板の中に三つのブランドが入っていることで、状況に応じて各ブランドの構成比率を調整し、リスクを減らす仕組みを整えています」（英介社長）

20年5月期、最も販売が見込める第4四半期にコロナが発生し、連結売上高は前年比14・4％減の425億円、営業利益は46・8％減の24億円となりました。一方でＡＳＥＡＮシフトの拡大が奏功し、粗利率は57・7％から58・3％へ改善。オンラインショップの売上高は63・5％増加し、29億円を記録しました。

なお、21年5月期の粗利率は59・1％、22年5月期は60・3％となり、22年5月期には増収増益を達成、コロナ前を上回る販売成績を達成しました。コロナ禍にもかかわらず迅速な対応が奏功して急速な回復を遂げたことがおわかりいただけるかと思います。

また、巷ではさまざまな業界において閉店ラッシュが続いていましたが、当社が出店しているショッピングセンターでも空き区画が発生。これを受けて、よりよい区画に店舗を移転し、好条件で売り場面積を拡大するなど、危機的状況にあってなお、攻めの姿勢を崩さず勝機を掴めたことも、その後の攻勢に大きな影響を与えました。

2021年、社長交代

2021年8月24日、ハニーズホールディングスは、第43回定時株主総会ならびにその直後の取締役会において役員体制を一新することを決議しました。私は代表取締役会長となり、専務取締役だった江尻英介を代表取締役社長に昇格させる人事を決定しました。コロナ禍の最も混迷を極めた20年を乗り切り、今後の目途もあらかたついたところで、ちょうど良い区切りだと考えて社長を退任したのです。

英介社長は私の息子です。幼少期は旅行と称して全国の店舗視察に連れまわしたものでした。1店舗当たり15分程度でサッと見て回るので、その間に息子と母親は書店などで時間を潰してくれていました。

当時私は1店舗に長居はせず、陳列の良し悪しを見て売り場づくりに関する指導を実施。地方に向かうときは1店舗のみならず、2店舗、3店舗と見て回ることも珍しくありませんでした。私が店舗を見て回る間は家族全員が自由時間となり、終了次第合流するという、旅行なのか家族連れの店舗視察なのか、我ながらよくわからない旅が多かったことを覚えています。まだ100店舗少々で、自分の目が行き届く範囲だったこともあり、見て回らずにはいられなかったのです。

仕事は忙しく、息子である英介社長と休日を過ごした記憶はあまりありません。物心ついた頃には店舗のあるショッピングセンターに来て、そこを遊び場に友人たちと遊んでいました。

「その頃は、まさかこんなに大きく成長するとは思ってもみませんでした。友人からも『HONEYSの子ども』と揶揄されていましたが、自分としてもあまり違和感はなく、そのうち社長業をやるんだろうなと思っていました。その感覚のまま大人になったので、何か別の道をと考えたことはほとんどありません」（英介社長）

英介社長は1999年に東京理科大学経営学部を卒業後、01年にHONEYSに入社。07年に取締役執行役員、19年にハニーズホールディングス取締役専務執行役員を歴任してきました。

大学時代には、夏休みに物流センターでアルバイトをしていたこともある

江尻英介 代表取締役社長

英介社長ですが、大学卒業後は、アメリカのサンディエゴに1年半ほど留学していました。

もう少し向こうにいたい気持ちもあったようですが、「そろそろ帰ってこないか」という私の強い要望で帰国、そのまま、01年にＨＯＮＥＹＳに入社してくれました。

「元々レディースファッションに強く興味があったわけではありませんが、昔から夏休みに家族旅行といえばＨＯＮＥＹＳの店舗回りだったということもあって、家業としてのレディースファッションはずっと強く意識していました。いずれは自分が引き継いでいくのだろうという気持ちではずっといました」（英介社長）

2代目社長の事業承継といえば、他の会社に一度就職して修業し、数年勉強してから家業に戻るというのが一般的ですが、私としてははじめからＨＯＮＥＹＳに入社してもらい、自社のやり方やビジネスを学んでもらうほうが早いと思っていました。

入社後、英介社長には最初の1年ほど総務部に所属しながら、近隣店舗での販売業務と本社業務、物流センター業務など、いろいろな業務を担当してもらいました。まだ仕事の少ないうちに、と参考になりそうな書籍を渡したことも何度かあります。

英介社長が入社した01年当時は、ちょうど生産拠点を中国に移したタイミングでした。本格的に自社企画を始めていこうという機運に溢れていた頃です。

福島県いわき市にある鹿島ショッピングセンター エブリア内にあるハニーズ エブリア店は、当社の中でも売上の大きい店舗。まずはこの中核店舗で商品の仕入れから担当してもらいました。千駄ヶ谷や原宿に出向いて商品をセレクトし、実際にエブリア店で販売して売上を見ながら次の発注に繋げていきます。

女性社員の場合は「これが着たい、これがかわいい」という主観を生かした商品作りができる一方で、男性の場合は自分が着ない分、少し客観的に見られるというのは強みかもしれません。

当時の様子を英介社長はこのように振り返っています。

「お客様の好みや属性によって、CINEMA CLUB、GLACIER、C・O・L・Z・Aという三つのブランドに分かれていますが、はじめはそれぞれの商品特性も売れ筋もまったくわかりませんでした。当時の店長から『売り場づくりを任せるからやってみて』と言われても、どうつくっていいのかまったくわからない状態でしたね」（英介社長）

最近ではEC事業の強化を図るために事業責任者に任命したときも、知らないことが多く苦労があったといいます。

「事業部長として名刺交換をするので、取引先の方も何でも知っている前提で話されます。御社のＫＰＩは何ですかと問われてもわからない。ＫＰＩとは何ですか、と尋ねるところから始まりました」（英介社長）

英介社長が「よくわからない」ことを担当することになった際に徹底していたのは、知ったかぶりをせずに、わからないことはわからないと聞く、調べるということでした。

そうして次第に商品についてわかるようになり、商品企画を担当するようになると、私と衝突することも増えました。英介社長が企画して「絶対に売れる！」と自信をもっていた商品に私が「それは絶対に売れない」と言って却下したことも一度や二度ではありません。

私の場合は長年の目利き力でそれがわかるのですが、データやロジックでは説明してこなかったこともあり英介社長も納得できなかったのでしょう。少しヒートアップして喧嘩のような雰囲気になってしまうこともよくありました。もしかしたら周囲の社員たちは困っていたかもしれません。

「後になってみればやはりあの商品は会長の言う通り売れなかっただろうとわかることもあるのですが、もしかしたらあの商品は売れていたんじゃないか、といまだに諦めきれない商品も中にはあります。

当時のそのモヤモヤを経験したことは、経営交代の際に自分の中の一つの指針になった気がしています。

社長就任以降、少し斬新でとがった企画などは全店舗での実施が難しくても限られた店舗だけで販売してみよう、失敗してもその経験を次に生かしてもらおう、と考えるようになりましたね。失敗することが予想できたとしても、実際に商品化して売れないという経験をしたほうが、本人にとって学びが多いと思うんですよ」（英介社長）

その年新しく入ってきた新素材や新色を試す際は、売上の大きい店舗や駅ビル、ファッションビルなどの、比較的お客様からの反応が早い店舗で試験販売を行います。売れ筋ばかり並べていても売り場づくりとして面白みに欠ける側面もあります。見せる商品と売る商品を分け、バランスを見ながら調整していく。これもまた一つの目利きといえるかもしれません。

英介社長は商品企画を担当した後、店舗開発部に移ります。当時は上場前後で、出店攻勢をかけていた時代でした。

東京と大阪にそれぞれ店舗開発のスタッフがおり、物件のエリア、商業施設、周辺環境の調査を実施しながら出店可否に関する判断を経営陣とともに担っていきます。

「一般的には店舗開発はオープンするまでの仕事、オープンしてからは店舗運営部の仕事と考える方が多いのかもしれませんが、それだと実際に売れなかった際に開発と運営で対立してしまいます。そのようなミスマッチを防ぐために、店舗開発のメンバーと運営部のメンバーで意見を出し合いながら出店を決定していきます」（英介社長）

その後、取締役や専務昇格のタイミング、私の70歳の誕生日など、折に触れて私が近々社長業を退くことを伝えていたこともあり、実際に改めて社長業を引き継ぐ話をした時にも特に驚きはありませんでした。自然と引き継ぐ決意ができていたのでしょう。

「専務時代から言いたいことは不自由なく言わせてもらっていましたし、比較的やりたいことをやらせてもらっていた自覚もあります。

逆に会長が第一線にいられるうちはずっと社長として社を率いてくれていてもよかったのかもしれない、という気さえしています。

覚悟という意味では幼い頃からずっと考えていたことだったので、社長という役職に変わったところで特別何か困ることもありません。会長もいて、これまで培ってきたものをさらに伸ばしていけるよう注力していきたい。今はその一心ですね」（英介社長）

私がこれまで強烈なリーダーシップで舵取りしてきたＨＯＮＥＹＳでしたが、いつの間にか組織も大きくなり、いよいよ社長交代のタイミングとなりました。

経営交代後は、私がこれまで長年の勘や目利き力で運営してきたものの「見える化」に尽力してくれています。

商品や物件を検討する際に、私は「この商品は売れる、この物件は厳しい」と答えだけを発信してしまいますが、英介社長はそこにロジックやデータを交えながら、私が無意識にしてきたことを紐解き、言語化して周囲に伝えてくれます。

「ここに出店するのは周囲の売上が高くて出店した際にも売上が見込めるからなのか、エスカレーターを上がってすぐという好立地だから売れると考えたのか。会長の考えを紐解きながら、その答えを導き出した背景や理由をなるべくわかりやすく社員に伝えるようにしています。こういう意味合いで売れると思っているんですよね？　と会長に確認しながら進めていくと、少しずつ会長が見ている世界が可視化されていきます。そうしていくことで会長や私の考えも伝わりやすくなりますし、目利きという意味でも全体の底上げにも繋がると考えています」（英介社長）

私がトップダウンだったのに対して英介社長はボトムアップ型だといわれることがよくあります。しかし厳密に言うと少し違います。

「社長になってすぐの頃、本社スタッフ全員の前で話したことですが、私は社員1人ひとりが経営者になったつもりで仕事をしてほしいと思っているんです。上司に『これどうしましょう』と都度お伺いを立てるのではなく、『私はこう思うけど、そのように進めていいでしょうか』と相談できるのが理想です。

まず自分の考えがあり、次に相談をする。相談を受けた上長は、自分の考えを述べ、その理由や背景を説明する。もし2人の間に考え方の乖離(かいり)があるなら、それを埋める努力をしてほしいと言いました。だから私自身も何かを相談された時はまず『君はどうしたいの？』と尋ねるところから始めるようにしています」（英介社長）

企画会議の手法も少しずつ進化しています。

月1回のMD会議ではブランドごとの予算を基に全体の発注を計画していきます。先日カットソーチームで前年を下回る予算が与えられ、チームのメンバーもそれについて特に意見が出ませんでした。ところが実際には前年を上回る予算で商品を強化していきたい、売上が見込めるはずだと考えていたことが後にわかりました。

そこでこれまでは予算ありき、予算の範囲内で販売計画を立てていたところを、指標としての予算は示しつつ、前年比95％の予算であったとしても、105％でやりたいというチームがあるなら、それは企画会議の場で思いを伝えてもらい、議論し、最終的な決定を下すよう方針を変更しました。

「予算であっても絶対的な決定事項ではなく、話し合いの中でいいと思うことがあるならそれを柔軟に取り入れていける組織にしたい。そう思ったんです」(英介社長)

これまでは何でも私が決めて、信じる道を進んできました。そうするしかなかった側面もあり、激動の時代、急速に事業を拡大していく上ではある程度必要なことでもあったと思っています。

しかし、最近では私の大まかな希望は伝えるようにしながらも、基本的な方針は現場に任せるようにしています。その時期に入っていると思いますし、十分それが可能だとも考えています。

「いかに会長に頼らずにみんなでやっていくか。幸い、当社には他社にないスピードがある。その武器を軸にすれば売れ筋の商品も狙っていけます。会長の頭の中にある『スーパーコンピューター』を『見える化』していきたい。

会長がこれまで直感力や目利き力で実現してきたさまざまな決断を、今後は目に見える形に落とし込み、再現可能なように仕組みを整えていくことが急務です。組織づくり、企画会議のやり方など一つひとつ見直し、改善を図りながら未来に繋げていくことが私の使命だと考えています」(英介社長)

ひとを育てる、場所をはぐくむ

企業経営をする上で大切にしてきた五つの考え方

私たちには、企業経営をする上で大切にしてきた五つの考え方があります。この考え方はＨＯＮＥＹＳの人材教育の礎となっており、これまで私が体現してきた内容でもあります。この五つの考え方についてご紹介していきましょう。

①仕事を一番の趣味にする
②失敗して学び、同じ過ちは犯さない
③与えられた条件でベストを尽くす。より良き条件に変える
④常に危機感を持ち、ピンチをチャンスに変える
⑤「グッド」より「ベター」、「ベター」より「ベスト」

仕事をいちばんの趣味にするのは、１日の中で最も長い時間を過ごす職場、仕事が面白くなかったら人生は面白くない、と考えているためです。人

生の大切な時間の多くを仕事に費やすのだとしたら、仕事は趣味といえるほど楽しめるほうがいい。「仕事があまり好きじゃない」と思いながら一生を生きていくのは辛いことです。一生懸命とことん仕事をして、結果的にお客様が喜ぶようなビジネスで頑張っていくことはお互いにとって大切です。

そして我々は失敗します。むしろ人生は失敗の連続であるといっていいでしょう。失敗しないことではなく、失敗した原因をしっかり見つめ直し、2度と同じ過ちを繰り返さないことが大切です。失敗を恐れる必要はありません。反省をして次に生かす。これが最も重要なことだと考えています。

また、自分のいる場所、与えられた条件は常に完璧ではなく、理想には程遠いのが現実です。しかし、会社、職場、社会の中で発生するさまざまな不条理や不平等も、一旦現状を受け入れ、その上で変えていくことが未来を明るくします。

「帽子店なんか儲からない」と現状を嘆いて何も手を打たずにいたら、今日この日を迎えることはなかったでしょう。バブル崩壊、東日本大震災、コロナ禍など、当社においてもさまざまな「望まざる不運」がありました。切り拓いてこられたのは、一度受け入れ、自ら状況を変えてきたためです。周りに期待しても苦しいだけ。周りが何かを変えてくれるのを待つよりも、自らベストを尽くしてよりよい条件を掴んでいくほうが確実で、よほど建設的なのです。

常にピンチをチャンスに変える。いい状況はずっと続いてはいきません。必ず状況は変化し、良くなったり、悪くなったりを繰り返しながら進んでいきます。チャンスはピンチを孕(はら)んでおり、ピンチはチャンスを生み出します。いつもその両軸を考えていること。それが未来の礎を築くことに繋がります。

最後に、常にベストを尽くすということ。ベストに近づけることを常に意識していなければ、「まあまあな成果」しか残すことができません。「グッド」より「ベター」、「ベター」より「ベスト」。常に上をめざすことを諦めてはいけないのです。

日常生活をする上で大切にしてきた六つの考え方

また、仕事や会社の実績は、従業員1人ひとりの日常生活の積み重ねによって実現されています。ここでは日常生活をする上で大切な六つの考え方についてご紹介していきましょう。

①健康である
②家庭が円満である
③悪いことは決してしない
④ねたみや嫉妬の感情は持たない
⑤損得を考えず、善いか悪いかで判断
⑥人生は太く長く生きるべき

まずは健康であるということ。健康でなければ仕事どころではありません。私自身、一度も入院をしたことがない、と言ったら皆さん驚かれますが、健康に気を使うことはとても重要なことなのです。

そして、家庭が円満でなければ、人生を豊かに生きることはできません。

悪いことをしないのは当然のことですが、嫉妬の感情は持たない、というのは少し難しいことかもしれません。私もよく、ユニクロへの競争意識はないのかと聞かれることがありますが、私はあまりそういうことを意識しません。ユニクロは当時メンズカジュアルが主体で、後にレディースの比率を増やしてきたという背景がありますが、当社はレディース一本を生業にしてきました。ユニクロにはユニクロのビジネス、当社には当社のビジネス。同業他社に対してライバル心というものは一度も抱いたことがないのです。

損得ではなく、善悪で判断する。私もそうでありたい、そうなりたいと思うようにしています。善いものはいい、悪いものは悪いと単純に考えることで、結果的にストレスから解放されることを知っているからです。

人生は太く長く生きる。正々堂々と思い切りやり切って、そして長生きする。太く短くではなく、太く長く。貪欲に生きたほうがいいに決まっているのです。

新たな挑戦のための組織づくり

個人商店から始まり、急拡大を遂げてきたＨＯＮＥＹＳ。同族経営の小さな1店舗から始まった当社は、２０２２年12月時点で従業員数５６７７人を擁する、業界大手の一角ととらえられる企業に発展してきました。

さまざまな経営危機を回避する一手を投じる一方で、急拡大を続ける会社の組織づくりも並行して行っていく必要がありました。ここで少し、採用や人材教育、従業員のキャリアプランについて見ていくことにしましょう。

当社グループの組織体制としては、グループ全体の経営管理を担当するハニーズホールディングスには、商品企画や生産管理を担当する商品本部、本社事務部門、さらに物流センターがあり、販売子会社ハニーズには、店舗での販売業務を担う店舗運営部、オンライン通販事業を担当するＥＣ事業部、製造子会社としてのミャンマー現地法人と分かれています。

ＨＯＮＥＹＳの店舗運営部では、販売業務・店舗予算管理・在庫管理・従業員採用・スタッフ教育などを担う店舗業務、販促企画立案・販促ＰＯＰの作成・ＳＮＳ管理・メルマガ配信・スタッフスタイリングなどを担う販売促進業務、店舗業務支援・計数管理・メンテナンス・什器備品手配などを行う運営事務などの業務を行っています。

ＥＣ事業部では、各モールの運用・販促に対応するシステム・マーケティングチームと、各モールの商品画像・Ｗｅｂ広告等のクリエイティブを担当する画像制作チームに分かれています。

システム・マーケティングチームでは商品登録やメンテナンス、在庫コントロール、売上分析、UI（ユーザーインターフェイス）、UX（ユーザーエクスペリエンス）等の改善を担当しています。一方、画像制作チームでは、商品画像の作成、管理、販促バナーや特集ページの作成、自社アプリのプッシュ通知設定等の作業を行っています。

店舗数が30店舗程度になるまでは、私が店舗運営部長であり、仕入れ部長でもあり、商品企画部長でもありましたが、規模が大きくなるにつれ、1人で監督することの限界を感じるようになりました。そこで、オペレーションマネージャー（OM）を配置することで少しずつ権限移譲を図っていったのでした。店舗の拡大とともに徐々に人数を増やし、数年前からは現在の形となりました。現店舗運営部長を務める小菅理は30年前の新卒入社。当時は今ほどの組織体制になっていませんでした。

採用についても見てみると、新卒採用の社員の多くは店舗運営部の所属となって、各店舗への配属となり、企画専門職は本社勤務からスタートします。22年実績で新卒採用者数は店舗運営部19人、本社7人の合計16人となっており、採用はホールディングスの人事部が担当しています。

店舗販売員はまずは各店舗への配属となり、1年ほどで店長へ昇格。その後、3～5店舗を監督するブロックリーダー（BL）、20店舗程度の監督に当たるスーパーバイザー（SV）、40～60店舗を監督するオペレーションマネージャー（OM）へとキャリアアップしていきます。

企画専門職の社員については、パタンナー、仕様書作成、CG、生産管理、検品などをジョブローテーションさせながら、どこの部署でも対応できる体制を整えています。その背景には、産休や育休を取得して復帰する際に少しでも慣れた仕事で再開できたほうが育児との両立もやりやすいだろうという考えがあります。キャリアとしては、商品企画担当を経験したのちは部門のチーフとなり、最終的にはマーチャンダイザー（MD）をめざしていきます。

このような組織運営ができるようになったのも、店舗数が600店舗を超え、出店が落ち着いてきた時期に入ってからのこと。その頃から新任店長も現場で教育できるようにしていきました。すべての店舗を本社で管理するのは難しいため、このようなピラミッド型の組織をつくって各マネージャーを配置し、困ったことがあればそれぞれ管轄の上長に報告・相談しながら店舗運営を協力して進めていけるよう整えました。

本社からはディスプレイや戦略商品のコーディネートプランを参考資料として毎週送信していますが、店舗ごとに事情が異なるため、どのような売り場づくりをしていくかはＯＭ以下店舗を実際に運営している現場担当者に任せています。

売上が芳しくない店舗、同じ館内の競合店と比較して売上が伸び悩んでいる店舗などは毎月送られてくる館内資料の数字から明らかとなるため、ＯＭが随時指導に入り、「売り場リフレッシュ」を行っていきます。

以前は店舗運営も心配で仕方ないと感じ、各店舗に目を光らせていましたが、６～７年前からは店舗全体のレベルが上がり、安心して任せられるようになりました。

「ＨＯＮＥＹＳさんはとてもよくやっていますね」とデベロッパーの担当者から評価をいただくことがあります。第三者からの評価、お客様からの評価というのは本社の私たちの耳にも入ってきますし、その評価が高い店舗は実際に売上もついてきています。

「事前告知せずフラッと店舗を訪れるようにしているので、訪問当日は店長が休みの時もありますが、アルバイトさんたちから欲しい商品や困っていることなどをヒアリングするようにして、データだけでなく実際に現場に足を運びながら自分の目でも確認するよう心掛けています」（英介社長）

アルバイト、社員問わず、接客面で最も重視しているのは挨拶です。入店されたお客様に「いらっしゃいませ！」と１００％の挨拶ができているか、定期的な研修でも指導を徹底し、定例報告の中でも注視している項目です。お客様とのファーストコンタクト、初めてのコミュニケーションが挨拶となるため、当社では１００％の挨拶ができるかどうかで、楽しい買い物の時間になるかどうかを決定づけると考えています。笑顔で挨拶してお客様をお迎えする、という基本の徹底は今後も注力していく考えです。

ＨＯＮＥＹＳではお客様への売り込みや声掛けは積極的には行っておらず、お客様が選びやすいと思っていただける売り場づくりや、困っているお客様へのお手伝いのための声掛けを重視しています。従って、お客様との重要な接点となる挨拶がしっかりできるかは大きな評価ポイントとなるのです。

値段が手頃な商品は、お客様が自ら商品を選ぶため、基本的にはつきっきりの接客を必要としません。店長に対して求められるのは、店をきちんと運営していく管理能力です。シーズンに合わせて店頭打ち出し商品がよく見える位置に陳列されているか、商品の整理整頓がなされているか、困っているお客様に対して適切な対応ができているか、といった点を評価していきます。

実際、売上の高い店舗では売り場づくりや店舗スタッフのマネジメントがうまいものです。そのような優秀な店長から順にBL、SV、OMと昇格していくため、店長のアドバイザーとなるBL以上のメンバーは、売り場づくりにおいてもマネジメントにおいても非常に優れた逸材がそろっています。

コロナ禍以降はOMが中心となって担当する地域ごとにブロック研修を実施。その他、毎月行われているミーティングでも、OMが中心となり、売り場のつくり方や戦略商品の確認などを行っていきます。

コロナ禍以前には、新任店長も含め、年に1回、1泊2日で泊まりがけの全店店長会議を実施してきました。全国の店長や本部スタッフを含めて総勢1000人程度が都内のホテルに集まり、成績の良かった店舗や長期勤続の社員に対して表彰なども行います。

BL以上をめざしてほしいと考える店長に対しては売上目標も大きく、か

つフォロー体制も整っている店舗への配属を決めるなど、環境を整えます。

また、店舗ごとに毎月の売上目標があり、目標が達成できた店舗に関しては、手当の形でインセンティブを出し、評価しています。個人単位ではなく店舗単位で協力しながら目標達成をめざす仕組みとしています。

「当社としての基本的な考え方などは研修や各会議などを通じて伝えています。商品には販売可能な期間、いわば『鮮度』があります。例えば、秋物と冬物は近いタイミングで入荷してきますが、あまり冬物を前面に出し過ぎてしまうと秋物が売れ残ってしまいます。そのため、売れる時に売れるものを売れる場所に陳列していることは非常に重要です。

そうした基本的な考え方は本社のほうからも強く伝えています。どうしても新しく入荷したものを前面に陳列しがちですが、今売らなければいけない秋物は、あと1カ月したらまったく売れなくなります。考え方の基本を伝え、具体的にどのように売れる仕組みを整えていくかはOM以下、店舗ごとの裁量に任せているのです」（英介社長）

また、当社への志望理由として、HONEYSのファンだったことを挙げる従業員は少なくありません。元々HONEYSが好きで、HONEYSに

入社し、ＨＯＮＥＹＳの商品を売ってお客様に喜ばれる。かつて自分が得た喜びをお客様に返していけるという幸福もまた、販売の面白さに繋がるとともに、次世代の人材を呼び込む布石にもなっていると感じます。

90％以上が女性従業員の会社が考える働きやすい環境づくり

当社では婦人服を扱っているという背景から、従業員比率も女性が多いのが特徴です。２０２２年12月時点では、ＯＭ17人のうち女性が６人、ＳＶ44人のうち女性が43人、ＢＬ１３４人のうち女性は１３３人、ＳＶ以下はほとんどが女性という構成になっています。それゆえに、女性のライフイベントを想定し、働きやすい職場づくりに注力しています。

当社では、女性が活躍できる環境整備を行うため、21年４月１日から26年３月末日までを期間とする次世代法に基づく行動計画を発表。従業員の女性比率に対する管理職の割合が低いこと、部署による残業時間のバラつきがあることなどが課題であるとして、「管理職に占める女性の割合を30％以上とすることや、正社員の残業時間を月平均５時間以内とすること」などを目標に設定しました。管理職育成のためのキャリア研修や残業時間の部署ごとの把握によって削減に努めています。

　また、ワーク・ライフ・バランスへの取り組みの一環として、時短勤務や働き方選択制度などの導入にも踏み切りました。育児時短・介護時短勤務制度は06年より1時間の時短勤務制度がスタートしていましたが、10年には法整備に先んじて、未就学児童のいる従業員に対して2時間の時短勤務を可能とし、会社が認めた場合は小学6年生以下の児童がいる従業員に対しても最大3時間の時短勤務を可能とする制度を導入しました。

　東京事務所やいわき本社などでは時差出勤の導入も進めており、子どもの送迎などで早めに出勤して早めに退勤したいといった要望にも柔軟に対応しています。本社では8時45分に始業、17時45分に終業となりますが、30分早く帰りたいという希望がある場合には8時45分出勤を8時15分出勤にして就業時間を30分前倒しとする措置も認めています。

　また、商業施設の営業時間に準じた就業時間となる店舗スタッフの場合は、育児・介護等、個別の事情に寄り添うため、各自の希望に沿った働き方を選べる「働き方選択制度」を整備しました。具体的にはシフト勤務における「遅番免除」や「土日祝日休み」などを選択できる制度となっています。

不公平感をなくすために通常の場合よりも給与の面で調整することになりますが、利用者からは「堂々と休めて助かる」、「周囲にも納得してもらえるので使いやすい」との声も多く、22年12月現在で89人が利用しています。

同様に12年2月から保育料補助制度をスタートしています。育児休業取得後に職場復帰し、子どもを保育施設に預ける必要がある場合、子どもの年齢が3歳になるまで月額保育料の半額を会社で補助しており、22年12月現在で60人がこの制度を利用しています。その他、年次有給休暇の取得促進、アルバイトの正社員登用制度、勤務エリア限定正社員制度も用意しています。

また、企画専門職の社員を採用し、本社のあるいわき市に来てもらうためには社員寮が必要だと考え、社員寮を建設したのも、働きやすい職場づくりの一環でした。設計は著名な建築家の坂茂（ばんしげる）建築設計の坂茂先生に依頼。坂先生は毎日芸術賞、芸術選奨文部科学大臣賞など数々の受賞歴があり、14年にはプリツカー賞とフランス芸術文化勲章コマンドゥール、17年に紫綬褒章を受章された、日本を代表する建築家の一人であると同時に、東日本大震災をはじめとする災害発生の際には避難所用間仕切りシステムを提供するなど、国内外でさまざまな被災地支援を手掛けられてきた方でもあります。

いわき市・中央台寮（撮影：平井広行）

そんな坂先生は一切の妥協を見せず、私はその姿に一流の仕事術を見て感動したことを覚えています。

土地を買い、一流の建築家に設計を依頼することに対して、「どうしてそんなに投資をするのか」と聞かれたこともありました。でも私は優秀な人材を集めるためには必ずいわき市に社員寮が必要になることを感じており、要となる商品企画担当者を採用するためであるならば、坂先生のような一流の方に設計をお願いすべきだという確信があったのです。

その後も社員寮内に全館Ｗｉ‐Ｆｉを導入したり、戸別に電気カーペットなどの備品を用意したりと現場の声を取り入れながら住環境の改善を図ってきました。

特例子会社ハニーズハートフルサポート設立で障がい者雇用を促進

ＨＯＮＥＹＳでは障がい者雇用を実施しており、02年5月末時点で4人だった障がい者雇用を、22年12月時点で合計33人にまで拡大しています。障がい者雇用への取り組みとして特例子会社設立は福島県内で3社目となりました。

いわき市内を中心に障がい者雇用の拡大と継続的な雇用、将来的に地域に貢献できる事業展開を目的として、13年2月に株式会社ハニーズハートフルサポートを設立、翌3月に事業を開始しました。

設立にあたっては12年10月に社内にプロジェクトチームを結成し、準備段階では東邦銀行の特例子会社・とうほうスマイルを見学して参考にさせてもらいました。社名は、ＨＯＮＥＹＳの子会社として心のこもったやさしさのある会社にしたい、地域社会に貢献したいという思いを込めてハニーズハートフルサポートと名付けました。

現時点の業務内容は本社及びいわき物流センター内での事務補助、清掃業務、商品管理業務等であり、22年12月現在で29人の従業員が在籍しています。「職場環境に慣れてもらう」、「はじめは『ゆっくり、あせらず、正確に』を心がけよう」と事業を開始しましたが、開始当初は、社内業務の洗い出しを行って受託可能な業務を見出してもなかなか各部署から業務の依頼は来ませんでした。最初はどうしてもさまざまな不安があったためだと考えられます。

しかし同社で業務を行っていくうちに、次第に各部署からの依頼が増加。現在は商品の不良内容のチェックや「訳アリ商品」として販売できる商品最終仕上げと値札付け、各建屋内の清掃などを担当してもらっています。まだ、実例は多くありませんが、一部の店舗においても、障がい者の雇用を実現しています。

今後は支援学校、ハローワーク、その他各種支援機関との連携をより密に図りながら、さらに多くの障がい者雇用をめざすとともに、個々のレベルに応じたキャリアプランの策定、親会社からの業務請負に留まらない新規事業の展開をめざしていきます。

就労教育支援、マラソン大会への協賛、財団の設立など、社会貢献への思い

「ジュニア・アチーブメント日本」と「いわき市教育委員会」が協同で提供する教育施設「いわき市体験型経済教育施設 Ｅｌｅｍ（エリム）」を支援しています。これは、「スチューデント・シティ」及び「ファイナンス・パーク」を実施するための専用施設で、協賛企業各社の協力の下、いわき市内のすべての小学校5年生と中学校2年生の生徒たちが、施設内に再現された「街」の中で実際にサービスの提供者としての就労を体験することで、社会

人と消費者それぞれの役割を理解するとともに、社会が相互に支え合うことで成立しているという社会の仕組みを学んでいきます。つまり、「社会のしくみや経済の働き」を学習するための職業体験施設となっているのです。

ＨＯＮＥＹＳではこの「スチューデント・シティ」に協賛し、施設内にＨＯＮＥＹＳのショップを開店、子どもたちに学びの機会を提供しています。

その他、地域貢献の一環として、２０２３年２月の開催で14回目を迎えた「いわきサンシャインマラソン」への協賛も行っています。本大会は、いわきサンシャインマラソン実行委員会ならびに福島陸上競技協会が主催し、小学生から大人まで過去には約１万人が参加する東北最大規模のマラソン大会として知られており、ＨＯＮＥＹＳでは第１回大会より、参加者全員への参加賞としてのＴシャツ、事務局ならびにボランティアスタッフへのブルゾンを協賛し、大会運営への支援を継続しています。

また、18年1月には、ＨＯＮＥＹＳ創立40年の節目を契機に、当社創業の地である福島県ならびに社会に貢献しうる有用な人材の育成支援を趣旨として、私財を投じ「公益財団法人 ハニーズ財団」を設立しました。大学進学を希望する福島県内の高等学校を卒業する成績優秀な生徒に対して、給付型

スチューデント・シティ

の奨学金制度を実施しています。設立以来、23年4月時点で延べ２２４人を支援してきました。ハニーズ財団から給付する奨学金は微々たるものではありますが、これをきっかけに学業のみならず学生生活を謳歌（おうか）し、卒業後は皆がそれぞれの力を発揮してこれからの社会を支える人材の１人となってくれることを願うとともに、彼ら彼女らの活躍を心から祈ってやみません。

「訳アリ商品」の販売で廃棄ロスを防ぐ

廃棄ロスを防ぐための取り組みは長年にわたって行ってきましたが、近年新たに取り組んだものの一つにいわゆる「訳アリ商品」の販売があります。

少し糸がほつれてしまっていたり、受け入れ検品後に判明した軽微なキズがあったり、いわゆる「訳アリの商品」で、補整するなどしても正価販売できない商品に関し、どの部分がどのように「訳アリ」なのかを明示した上、３００円、６００円、９００円といった価格で再度店頭販売しています。

この値札付け作業は前出のハニーズハートフルサポートの従業員が担当してくれています。廃棄するよりは無駄にならないのでいいだろうと一部の店舗で始めた「訳アリ商品」販売でしたが意外とお客様の反響は良いようで

す。店舗からもリクエストがあり、可能な限り廃棄商品を出さないための取り組みとして、当社にも環境にも、ましてやお客様にとってもメリットがある、いい取り組みだと感じます。

また、これまで述べてきた通り、店舗とオンラインショップの商品在庫を統合的に管理することで在庫の回転率向上に繋げている点も引き続き注力しています。ミャンマー、バングラデシュ、カンボジア、ベトナムと生産拠点が増え、かつオンラインショップの売上が上がってきたことで在庫スペースがひっ迫したことから、2021年にはいわき物流センターに3階建ての建屋を増築しました。

オンラインショップの在庫入れ替え作業は店舗の在庫入れ替えと同様の手順となりますが、夏物は9月末まで販売し、在庫品はいわき物流センターに隣接する在庫センターへ移動し、来期の販売に備えます。夏物が在庫スペースからなくなると、今度は秋物や冬物が順次入荷していき、商品が入れ替わっていきます。

こうした入れ替えや、動きの鈍い商品はオンラインショップ在庫から店舗在庫へ、店舗在庫からオンラインショップ在庫へと臨機応変に移動し、店舗

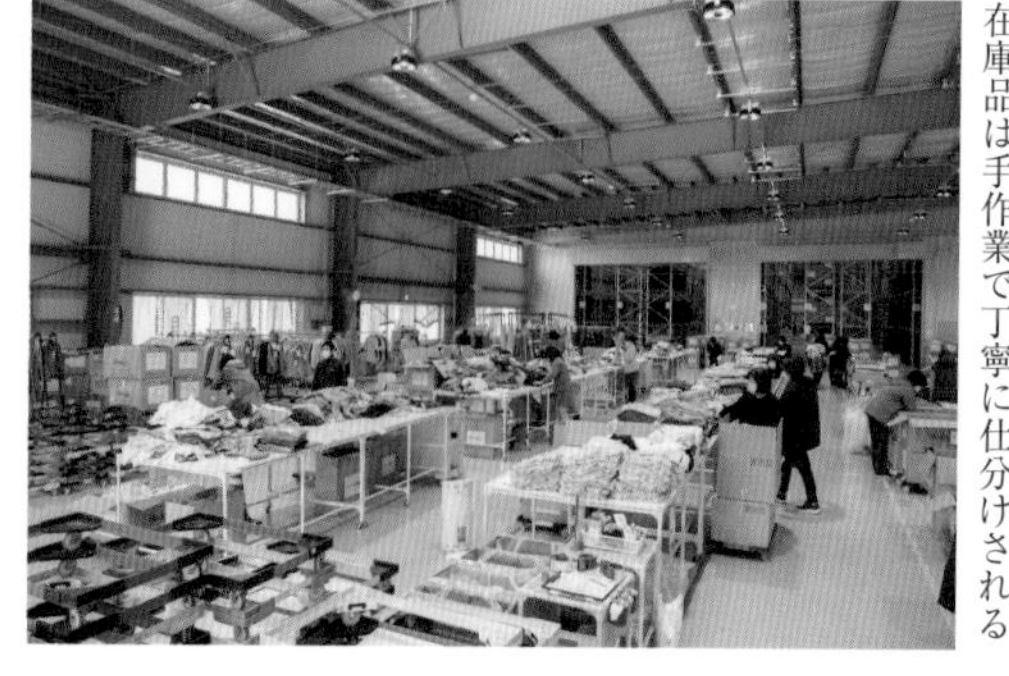

在庫品は手作業で丁寧に仕分けされる

の立地や売れ筋の差を生かして店舗間でも移動することで商品在庫の消化を進めるとともに、販売チャンスロスを最小限にしています。それは結果的に廃棄商品の削減にも繋がる取り組みとなっています。

環境に配慮した素材、加工法の導入

持続可能な社会の実現に向け、商品の廃棄を減らすとともに、さまざまな取り組みを行っています。

まず、環境に配慮した素材については、ＵＳＡコットンやオーガニックコットン、ＢＣＩ（Better Cotton Initiative）コットン、再生ポリエステル繊維などを採用しています。

ＵＳＡコットンとは、アメリカ国内の厳しい基準に基づき、水と農薬を極力抑えて栽培された、環境にやさしく上質なアメリカ綿のことを指します。一方、オーガニックコットンは、３年以上農薬や化学肥料等を使用していない農地で栽培された綿花のことです。また、ＢＣＩコットンは、農薬、化学肥料、水の使用量を削減したベターコットンシステムによって生産された綿のことをそれぞれ指しています。

商品１点１点を細かくチェックし、必要なケアが施される

また再生ポリエステル繊維とは、ペットボトルをリサイクルして作られた繊維や、残糸・布端（きれはし）からリサイクルして作られた再生繊維、廃棄された生地や服を再利用した素材を指しています。

また、環境負荷低減のための取り組みとして、「水ストレス」の軽減をめざし、製造工程における水の使用量の低減や、水質汚濁の改善につながる加工方法を採用する商品の比率を増やしています。

その他、照明器具をＬＥＤに変更することでCO_2排出量削減に取り組み、ショップ袋については、従来の紙袋の他、２０２０年７月からは植物由来バイオマスプラスティックを25％以上含有する素材の採用を進めることでプラスティックごみ削減に取り組んでいます。

図表・7　サステナブル素材の採用

有機素材やリサイクル素材の活用を通じて、環境負荷軽減に取り組んでいる。

素材名	内容	取扱い数量（当期末までの見込み含む）
USAコットン	アメリカ国内の厳しい基準に基づき、水と農薬を極力抑えて栽培された、環境に優しく上質なアメリカ綿を使用	504万点
オーガニックコットン	3年以上農薬や化学肥料等を使用していない農地で栽培された綿花を使用	100万3千点
BCIコットン	農薬、化学肥料、水の使用量を削減したベターコットンシステムによって生産された綿を使用	15万9千点
再生ポリエステル繊維①	ペットボトルをリサイクルして作られた再生ポリエステル繊維を使用	51万4千点
再生ポリエステル繊維②	残糸や布端からリサイクルして作られた再生繊維を使用	17万5千点
再生ポリエステル繊維③	廃棄された生地や服を再利用したリサイクルポリエステルを使用	−

図表・8　環境負荷の低減につながる加工方法の採用

「水ストレス」の軽減につながるよう、製造工程における水の使用量の低減や、水質汚濁の改善につながる加工方法を採用する商品を増やしている。

項目	内容	取扱い数量
レスウォーター	ナノバブルで製品洗いを行うことで、従来よりも水の使用量を大幅に削減する方法。	58万8千点
非フッ素撥水加工	撥水加工に従来利用されてきたフッ素化合物の安全性に対する懸念の高まりに対応して、非フッ素系撥水剤を使用する加工法。	24万6千点
レーザー加工	薬剤を使用しないレーザー加工によって、加工時の水の使用量を低減する方法。	6万3千点

（注）上記1．および2．の取り組みは、全製品の約29％に相当。当面の目標を40％として、引き続きその比率の向上にむけて商品企画に取り組んでいる。

新しい時代へ

アフターコロナへ向けた再始動

4年連続「顧客満足度」第1位！

前述の通り、２０２２年度ＪＣＳＩ（日本版顧客満足度指数）調査（日本生産性本部サービス産業生産性協議会調べ）において、衣料品店業種で4年連続「顧客満足度」第1位を獲得することができました。創業以来、地道に取り組んできたことをお客様に認められるのは本当に喜ばしく、大変に誇らしいものです。

ミャンマーでの自社工場設立からおよそ10年、生地のレベル、縫製のレベルが飛躍的に向上し、お客様にも評価いただくことができました。

前記の調査で4年連続で「顧客満足度」第1位を獲得できた最大の理由は、当社商品のコストパフォーマンスの高さにあると考えています。

「ただ安い」のではなく、価格に対して品質がいい、という意味でのコストパフォーマンスです。何度着用してもヨレにくく、何度洗濯しても縮みにくくい。レディースのアパレルメーカーは製造型数が多いため、全品でクオリティを担保し続けることはなかなか難しいものです。それを自社企画及び自社製造に切り替えることで「価格を超える価値」を提供できるようになったことが他社に真似できない当社の強みとなっています。

素材が悪く改善が見られないメーカーとは取引を見直しました。生地はすべて自分で触って確かめてきたという自負があります。一朝一夕ではたどり着けなかった苦難の歴史の中で、「高感度な商品を手頃な価格で提供すること」を心に刻み、そのことにひたすらこだわってここまで来ました。価格を超える商品品質という価値。それを提供するのがＨＯＮＥＹＳのプライドです。

販売チャネルとしての店舗において、重視するのは店舗運営。一言でいえば、お客様の欲しい商品が欲しいタイミングで店舗に陳列されているということ、そういったこだわりが評価されての「顧客満足度第1位」だと考えています。

もちろん、これだけの売上規模ともなると、お客様からさまざまなご意見をいただく機会は少なくありません。30～40代までの約10年間、お客様の問い合わせ窓口として対応していた大内は、その声一つひとつに真摯（しんし）に向き合い、「品質をさらに高めることができればお客様からこのような声をいただくこともないはずだ」と自戒。「お客様にもスタッフにもこんな思いをさせないようにしなければならない」という思いを日に日に強くしていったと言います。お客様に「品質改善を約束してください！」と言われるたび、「ご満足いただけるような品質の良いものをしっかりと作ってまいります」と回答してきました。納得して、受話器を置いていただける。そのお客様1人ひとりの期待に応え、約束を守る責務があることを強く自覚したのです。「一つ電話を受けるごとに、商品の品質を向上させていこうという気持ちが強くなっていくんです。それを30～40代という長い期間担当させていただいたことで、品質向上への思いは常に人一倍持ってきました」（大内）

全力を尽くし、「鬼」と恐れられながらも工場を厳しく指導してきてなお、100％完璧なものを作り続けることは容易なことではありません。残念ながら、「購入後すぐに糸がほつれてしまった」、「糸が裏で絡まっていた」、「糸くずがついていた」といったご意見をいただくことはいまだにあります。

中には「このような場合にはどのような服を着るべきか」、「この服はどのようにコーディネートするとよいのか」といった問い合わせもありますが、コーディネートなどについては可能な範囲で回答しています。

現在では問い合わせ対応業務を後任のスタッフに引き継いでいる大内ですが、問い合わせの内容によっては、今でも直接対応に当たることもあり、彼女の尽力がこの顧客満足度の高さに大きく寄与していることは言うまでもありません。

そんな大内が所管する商品本部への並々ならぬ思いは前述の通りですが、それらの商品企画の精度を上げるため、ＭＤ会議を開催しています。これはブランドの枠組みを外してアイテム単位でチームを組み、今月はどのような商品を作っていくべきか、どのような商品を狙っていくべきかについて話し合う会議です。ブランドの垣根を越えて協力体制を敷くとともに、情報交換を促すことを目的としています。

どのブランドで何に注力しているのかをアイテムごとに共有すれば最も効率的で売上に繋がる、適切な商品企画を実現することができる。そのために、ブランドという縦軸と、アイテムという横軸によって商品企画を精査していくのです。

「ＨＯＮＥＹＳは安心して商品を買うことができる」というお客様の声を数

多くいただいています。これもひとえに、企画、品質、価格、そして売り場づくりを多くのお客様にご支持いただけていればこそだと感じています。

Z世代が実際に使っているECランキング第3位

10代の男女966人を対象にバイドゥが行ったアンケート調査により、Z世代が選ぶ「実際に使っているECサイトTOP10」（集計期間：2021年8月30日～9月13日）において、第1位のAmazon、第2位の楽天に続き第3位に当社がランクインし、アパレル業界でナンバーワンとなったことは大変励みになりました。

当社がオンラインショップに着手したのは今から約12年前のこと。長らく期待通りの売上を上げられずにいましたが、約6年前に英介社長を責任者として同事業の強化に取り組み、以来、改善を続けています。

サイトの使いやすさの観点では、随時人気のある競合サイトをユーザー目線でチェックし、検索しやすい項目を拡充するなど、求めている商品を探しやすいよう継続的に改良に取り組んでいます。

また、Web限定商品や限定サイズなど、わかりやすくするためにアイコンを工夫したり、「カテゴリ」、「店舗」、「お気に入り」といった各項目のランキングを充実させたりすることで、より多くの商品をアピールすることにも取り組んでいます。

さらには、さまざまな企画ページやインスタグラムでの発信により、当社スタッフのコーディネートを見せるスタッフスタイリング、インスタグラマーの方のコーディネートを見せるインスタグラマーコーディネートなどを掲載し、オンラインショップならではのユーザー体験を提供しています。

現在、オンラインショップにおける1日当たりのUU（ユニークユーザー）数は約8万（月間250万UU）、1日当たりのPV（ページビュー）は約110万（月間3500万）、EC会員は約120万人。ユーザー層としては10～50代の幅広い年代に支持されています。EC事業については同業他社と比較して、高い利益率を実現しています。

また、22年4月、これまで個人宅配のみとしていたEC事業において、リアル店舗とオンラインショップを融合する試み（OMO）として、ショップ店頭での商品受け取りサービスを新たにスタートさせました。

お客様はオンラインショップで商品を選択後、最寄りの店舗を受け取り場所に指定。指定の店舗に立ち寄り、そこで商品を受け取って代金の決済を行うという仕組みとなっています。

平日の日中は仕事で動けないという人や、休日は外出が多く自宅で商品を受け取ることが難しいという人、実際に試着してから最終的に購入するか考えたい、といったさまざまなお客様のニーズにお応えできています。

このサービスの開始当初、利用率は全体の1割程度を見込んでいましたが、実際には想定の3倍ほどの利用率となっています。いわき物流センターにおいても店舗受け取りでの受注が1000件をオーバーすると手作業では当日発送が難しくなることがわかり、自動封函機を新たに導入するほどの盛況ぶりを見せています。

45年で培ってきたもの

「今まで会長の強いリーダーシップのもとで進んできた当社ですが、これからは私の意思決定に加えて、こんなことをやってみたい！　という現場の声をうまく拾い上げながら実現していくボトムアップ型経営も取り入れていければと思っています。これまで会長に頼ってきましたが、私も含め、多少の

失敗を経験していくことで今後の成長に繋げていければと思っています」（英介社長）

22年7月5日に公表した、25年5月期を最終年度とする中期経営計画では、経営戦略として、カスタマー・エクスペリエンス（CX）、デジタル・トランスフォーメーション（DX）、エンプロイ・エクスペリエンス（EX）、サステナビリティ・トランスフォーメーション（SX）を四つの柱に据えています。

これに加えて新規事業の五つのプロジェクトチームを立ち上げ、それぞれにメンバーとリーダーを割り当て、未来の糧となる多くの経験をしてもらいたいと願っています。

「机上の空論ではなく、自分たちで必ず形として残るものをやってみるという経験。もちろんすべてが思う通りにうまくいくとは限りませんが、経験することでたどり着ける何かがあるはずだと考え、そのような環境づくりに注力しています」（英介社長）

HONEYSのCXでは、商品力の強化として「より良い商品」の製造、販売力の強化として「居心地のよい店舗」運営、ＥＣ事業の強化として「ＯＭＯの実現」を軸としています。

すなわち、「より良い商品」の実現に向けては、幅広い層のお客様が求める商品品質やサービスを安定的かつ継続的に提供し、「魅力がある売り場、居心地がよい接客」の実現を図るとともに、多様化するお客様のライフスタイルに合わせ、「いつでも、どこでも」を可能にする販売チャネルを確立、顧客体験価値の向上をめざします。

ＨＯＮＥＹＳのＤＸでは、事業基盤の強化ならびに生産性の向上に繋がる業務の効率化、ＯＭＯ実現に向けた物流機能の強化を軸として、販売動向の正確な把握や商品企画・仕入れ精度の向上、在庫コントロールの最適化などに繋がるデジタル化を推進します。

ＨＯＮＥＹＳのＥＸでは、常に成長していける環境づくり、従業員満足度の向上を軸として、当社グループの将来を支える多様な人材の確保と育成に向け、ワーク・ライフ・バランスの実現、業務の効率化と働きやすい就業環境の整備を進めます。

最後に、ＨＯＮＥＹＳのＳＸでは、サステナブル課題（環境、人権等）への対応を軸として、環境に配慮した素材を用いた商品開発を強化していくことに加え、ＴＣＦＤ（Task Force on Climate-related Financial Disclosures：気候関連財務情報開示タスクフォース）提言に基づき、気候変動によるリスク情報開示に対応し、合わせて、ミャンマー子会社を含むサプライチェーン全体でのサステナブル課題の解決に取り組んでいきます。

それらをプロジェクトチーム制とし、社員に主体的に取り組んでもらう仕組みとしたのには英介社長の強い思いがありました。

「やりたいと思っている人の挑戦をトップの一声で潰してしまうと、あの時実現できていれば成功したんじゃないかという思いがずっと残っていきます。実際にやってみると、うまくいった原因、うまくいかなかった原因についてそれぞれ学ぶことができますし、そこで得た経験は必ず次に繋がっていくと信じています」（英介社長）

仮に新しい事業を増やしていくとしても、基軸はあくまでもＨＯＮＥＹＳの現業態になるのは間違いありません。お客様のためにという考え方も変わることはないでしょう。

これからの50年

少子高齢化が進み、人口減少が叫ばれる日本において、次の50年をどのように生き残っていくべきなのかについては、アパレル業界に限らず議論されていることでしょう。

当社としては、事業を開始した1978年当時に比べて来店されるお客様の年齢層が幅広くなっており、従来の主流としていた顧客層より上の世代を狙っていくという戦略が一つ考えられると思っています。

サイズでは、これまでSS・S・M・L・LLの5サイズの展開だったところを、オンラインショップ限定で3Lまでサイズ展開を広げたところ、すぐに売り切れとなったことから、サイズ展開もまだまだ余地があると考えています。

日本国内では将来の人口減少が避けられないとしても、その中でのシェアを広げていくためには、これまで通り企業努力を重ね、知恵を絞っていく、ということに尽きます。その意味で、オンラインショップの拡充には可能性を感じています。リアル店舗においては、50坪の店内に陳列できる商品の量には限界がありますが、オンラインであれば物流センターを拡張するだけで取り扱い量を増やすことができる。加えてリアル店舗があるという安心感もあるので、そこも強みだと捉えています。

ＥＣ事業はあまり儲からないと言われることもありますが、当社では現状でも高い営業利益率を実現しており、他社よりも頭一つ抜きん出ていると考えています。

また、スタッフスタイリングなどに加え、ＳＮＳを活用した販促についてもお客様の反応が良いため、引き続きＳＮＳからオンラインショップへの導線を強化していきたいと考えています。

続いていく次の50年、お客様第一という基本が変わることはありません。良い素材で良い商品を作り、リーズナブルな価格で提供していく。そのための企業努力を惜しまない。この基本理念はこれからも受け継がれていくことでしょう。当社の強みとしてのスピード感、判断の速さという点は組織規模が拡大し、体制が変化していったとしても変わらず大切にしていきたい企業文化だと考えています。

最後に、海外への挑戦については、オンラインショップでテストマーケティングをしながら検討していく所存です。海外市場については、いずれどこかのタイミングで進出する可能性はゼロではないと思いますが、その際の出店形態として必ずしもリアル店舗である必要はないと考えています。

実際当社ではリアル店舗の海外展開で苦労したという背景もありますし、最近では海外のアパレル通販サイト「ＳＨＥＩＮ」が注目を集めており、日本だけでなく、欧米でも受け入れられ、話題となっていることから、越境ＥＣの可能性は大いに感じているところです。

物流の問題さえクリアできれば、倉庫だけＡＳＥＡＮ諸国に置いてそこから各国に出荷する、ということも考えられます。

現在、当社のオンラインショップに海外からアクセスがあった場合、その国の言語に翻訳して購入できるようにするなど、新たな取り組みにも着手しているところです。

残念ながら、現状では直接的な海外配送は実現していませんが、香港などから発注が入ることもあり、当社と相性の良い市場を探していくことができれば、将来への布石としていけるのではないかと考えています。

レディースファッションでは、商品が爆発的なヒットになり過ぎてもよくありません。少し上の世代で大流行していたものは、次の世代になると「古い、ダサイ」と思われて、また新しいブランドがはやりだす。旬が短く、移り変わりの激しいビジネスであることは、私がアパレル業界に足を踏み入れた時から変わりません。これは、英介社長も同感だと言っています。

「私が入社したときはそれこそギャルブランドの全盛期。渋谷１０９によく視察に行きましたが、始めの頃は気恥ずかしくて居心地が悪かったことを覚えています。

当時も世間を席巻していた多くのブランドがありましたが、一度大流行してしまうと、その後サッと波が引く傾向にある。その波の大きさがレディースファッションの場合は顕著だと感じます」（英介社長）

ＨＯＮＥＹＳはその点、少し特殊なブランドとしての地位を確立してきたといえるかもしれません。アパレルブランドというには、ＨＯＮＥＹＳと言われてすぐに想像できる商品が明確にあるわけではありません。ブランド展開も3ブランドあり、ターゲット層も幅広い。全国の店舗ごとに戦略商品や打ち出し方が異なります。結果的に時代の趨勢（すうせい）に左右されにくい体制を築いてこれたのではないかと思っています。

これまで当社の成功に注目してきましたが、もちろんここに至るにはさまざまな失敗がありました。今日の成功に至る裏側では失敗した仕組みやシステムを何度となく見直し、その都度是正してきたのです。商品の企画に関しても、店舗の出店に関しても、よくも悪くも強烈なリーダーシップで瞬間的に判断し、即決してきました。

今後はこのスピード感を維持しながら、全員がコミットして舵を切っていくスタイルにシフトしていく必要がある。

これだけの規模となった今、それは容易なことではないでしょう。経営環境も目まぐるしく変化しており、社内の組織づくりも発展途上です。まだまだ課題もたくさんある分、可能性も無限大に広がっている。

英介社長が率いる新生HONEYSが築く未来には、どんな景色が広がっているのか。どんな商品が生まれ、どんな社員が育ち、どんなビジネスを磨いていくのか。

HONEYSの挑戦は、始まったばかりなのです。

あとがき

１９７８年の創業以来、本当にギリギリ崖っぷちの、さまざまな危機もあった中を駆け抜けてきた45年間。経営を引き継ぐ気さえなかったはずの帽子店が、いつの間にかＳＰＡの先駆者としてヤングカジュアルファッションブランドを掲げ、東証プライム上場まで果たしていました。

経営とは決断の連続です。ＨＯＮＥＹＳにも、これまで数々の経営のわかれ道がありました。そのたびに試行錯誤し、失敗を重ねながら、新たな景色を切り拓いてきたのです。

当時斜陽産業だった帽子店から脱却して婦人服へと業態転換をしたことに始まり、創業1年目に１００億円企業をめざしたこと、マンションメーカーの商品を仕入れようと考えたこと、自社工場での製造に切り替えたこと、出店先を見直したこと、レディースのアパレル企業として先んじて中国生産に踏み切ったこと、ミャンマーに生産拠点をシフトしたこと、東日本大震災での対応、コロナ禍に対応した戦略……。何か一つうまくいけば、またすぐに

次の危機が訪れました。危機の渦中にあって判断に迷う時、私にはいつも立ち戻る場所があります。

高感度、高品質、リーズナブルプライス。

何か迷いを感じた時、私たちはこれを実現するために在るのだと心の中で反芻(はんすう)し、そのために何を選択すべきかを自問しました。象徴的な一つと言えるのが、東日本大震災直後におけるミャンマーへの送金指示でしたが、あの日の決断が、私たちをこの場所まで連れてきてくれたのです。

2017年3月1日、経営をめぐる環境が大きな変化を見せる中、HONEYSはコーポレート・ガバナンス強化の一環として持株会社体制へ移行し、経営戦略と婦人服事業の機能分離を図りました。ホールディングスがグループ全体の戦略や経営管理を担い、事業子会社が担当事業に特化することで経営の更なる効率化をめざすこととしました。

事業環境の変化に合わせた迅速な意思決定を可能にし、経営構造の変革に柔軟に対応していくための手段として持株会社化を選びました。

さらに、事業子会社についてはそれぞれが独立した法人として経営の舵取(かじと)りを行い、当社グループの次世代を担う人材の育成にも取り組むこととしました。

激動の45年を経て続いていくこの先の未来は、やはり想像もつかぬさまざまな困難や喜びに満ち溢れていることでしょう。新時代のＨＯＮＥＹＳが提供する新たな価値を、ぜひこれからも見守っていただけますと幸いです。

最後になりますが、当社商品を愛用してくださるお客様、株主の皆様、お取引先様、そして、社員の皆様への感謝の言葉を添えて、筆をおきたいと思います。

著者

【著者】

江尻義久（えじり・よしひさ）

1946（昭和21）年、福島県いわき市生まれ。

1969年、早稲田大学第一文学部卒業と同時に、家業のエジリ帽子店に入社。1978年、有限会社エジリに組織変更して婦人服小売業に参入。1986年、社名を株式会社ハニーズ（現ハニーズホールディングス）へ変更し、代表取締役社長に就任。

2003年12月、日本証券業協会店頭登録（ジャスダック）を経て、2005年4月に東証一部（現プライム市場）への上場を果たす。

2017年3月、持株会社体制への移行に伴い、ハニーズホールディングス代表取締役社長。2021年、代表取締役会長（現任）。

最旬のファッション、最速の決断、最高の満足
選ばれるブランドが、愛されるためにやっていること

2023年4月11日　第1刷発行

著者 ―――― 江尻義久
発行 ―――― ダイヤモンド・ビジネス企画
〒104-0028
東京都中央区八重洲2-7-7 八重洲旭ビル2階
http://www.diamond-biz.co.jp/
電話 03-5205-7076（代表）

発売 ―――― ダイヤモンド社
〒150-8409　東京都渋谷区神宮前6-12-17
http://www.diamond.co.jp/
電話 03-5778-7240（販売）

編集制作 ―――― 岡田晴彦
編集協力 ―――― 岸のぞみ（ライフメディア）
編集アシスタント ―――― 藤原昂久
装丁 ―――― いとうくにえ
DTP ―――― 齋藤恭弘
撮影 ―――― 中田悟
校正 ―――― 聚珍社
印刷・製本 ―――― シナノパブリッシングプレス

ISBN 978-4-478-08502-8